東京大学の[illegible]生伝授

[illegible]系のための
[illegible]ちゃやさしい

超ひも理論

監修
東京大学大学院教授
松尾 泰

はじめに

超ひも理論はアインシュタインが提案した重力理論（一般相対論）を，極小のミクロな世界でもあつかえるようにする（量子化する）ための理論体系です。通常の常識では出てこないような以下のようなアイディアがあらわれ，理論体系の中で確立しています。

・本来は大きさがない点である素粒子を小さなひもだと考える

・われわれが住んでいる空間を３次元から９次元に拡張する

・３次元を超える余剰次元をカラビ＝ヤウ空間という複雑な空間にコンパクト化する

・ひもの振動モードやカラビ＝ヤウ空間への巻きつきを用いていろいろな種類がある素粒子をひもですべて書きあらわす

・ブレーンという広がった膜を導入しわれわれの住んでいる３次元空間をその膜の上に展開する

私は超ひも理論の第１次革命直後に大学院生になった幸運な世代に属しております。大学院やそれにつづく研究員時代に上記のようなアイディアがあらわれてくるのをリアルタイムで体験しました。**最初のころ超ひも理論はある意味常識はずれで現実味が少ない模型と考えられていたのが，この本にも出てくるグリーンとシュワルツの革命的な論文をきっかけにして急激に真剣に取り組むべき理論として認知されていきました。**そのあとは世界中から新しいアイディアが噴出し，それは現在までつづいております。

超ひも理論の革命からの長い発展の中で，アインシュタインの重力がもつ謎，宇宙誕生の秘密，ブラックホールの謎などへのチャレンジがつづいています。この本をきっかけに超ひも理論に親しみ重力の不思議な世界に関心を持っていただけたら幸いです。

監修
東京大学大学院理学系研究科教授
松尾　泰

目次

1 時間目 これが超ひも理論だ

STEP 1

世界は何でできている？

STEP 2

素粒子ってどんなもの？

2 時間目 ひもの正体にせまろう!

STEP 1

超高速で振動するひもが「物質」をつくる

STEP 2

「力」はひもが生みだしていた

STEP 3

超ひも理論の歴史を知ろう！

3 時間目 超ひも理論は「9次元空間」を予言する

STEP 1

9次元空間の世界

STEP 2
超ひも理論に欠かせない不思議な膜

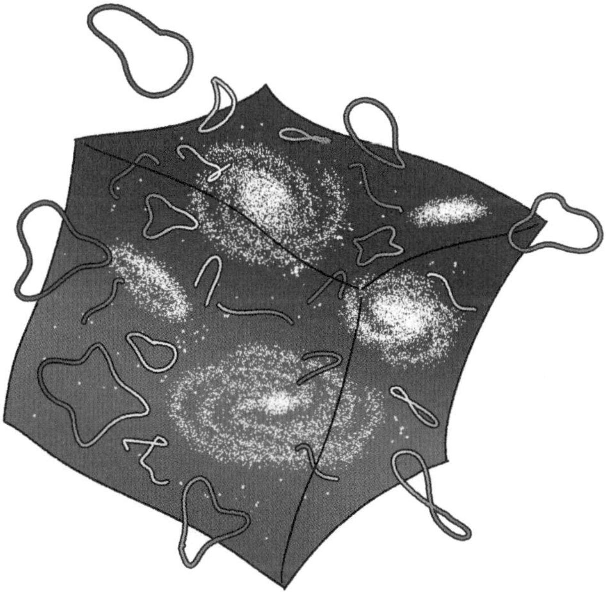

4時間目 発展をつづける超ひも理論

STEP 1

物理学者が追い求める究極の理論

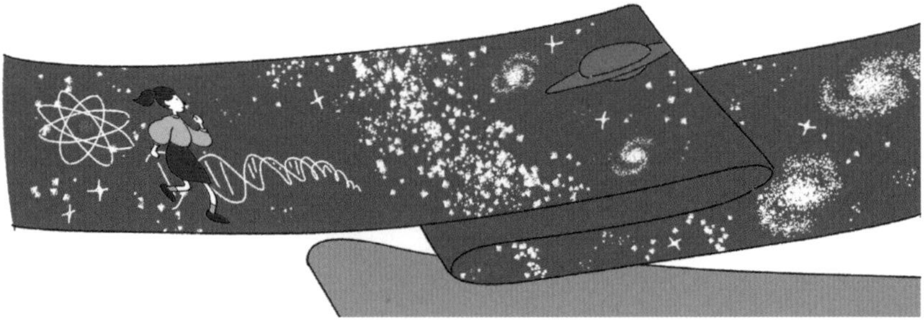

STEP 2
超ひも理論で，宇宙を解き明かす

STEP 3
超ひも理論の証拠を探せ

とうじょうじんぶつ

松尾 泰 先生

東京大学で超ひも理論を
研究している先生

さえない文系サラリーマン(27才)

1 時間目

これが
超ひも理論だ

STEP 1

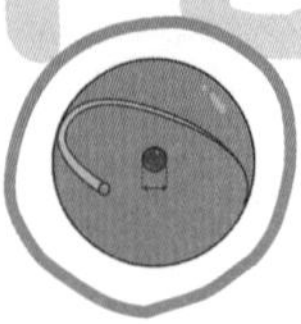

世界は何でできている？

あらゆる物質の最小部品は「原子」という小さな粒だと長い間考えられてきました。しかし，原子はさらに細かく分けられ，超ひも理論によると最終的に「ひも」に行き着くと考えられています。

この世界のすべては，「ひもの集まり」!?

先生，今日は**超ひも理論**について教えてもらいたくてやってきました。
物理学のすごい理論だっていうことは聞いたことがあるんですけど，何なんですか，**ひも**って？　細長いひものことですか？　まさか，女性にみつがせて暮らす「ヒモ」のことじゃないですよね……？　しかも“**超ひも**”って。

知らない人が聞くと，超ひも理論という名前に戸惑うかもしれませんね。
超ひも理論というのは，一言でいうと，**この世界のあらゆるものは，細長いひもが集まってでできていると考える物理学の最先端理論です。**
超ひも理論によると，自然界の**ありとあらゆる現象**は，無数のひもがぶつかったり，くっついたりしながら，くりひろげられていることになります。
超ひも理論は，**この世界の根源にせまる理論**だといえるでしょうね。

あらゆるものは，ひもが集まって できている!?

ちなみに**超ひも理論**とよばれることも多いですが，研究者の間では，**超弦《ちょうげん》理《り》論《ろん》**という名称の方がより一般的に使われます。英語にすると**Superstring theory**です。

で，でも昔，理科の時間に，あらゆる物質は**原子という粒**でできているって習いましたよ。

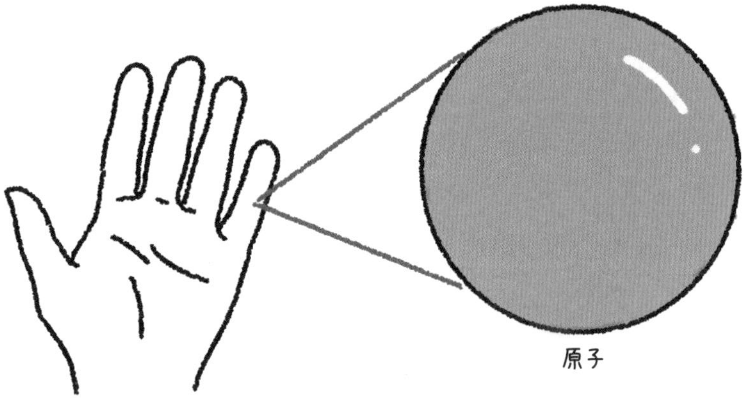

では，その原子をもっと細かくすると何が見えてくるでしょうか？

えっ!?
原子にまだ先があるんですか？

ええ，**原子をさらにどんどん細かく分解していって，最終的に行き着くのが細長いひも。**そのように考えるのが超ひも理論なんです。つまり，**万物はひもでできている**ということです。

万物はひもでできている……
といわれても……にわかには信じられませんね。

物質を拡大すると，素粒子に行き着く

物質は何でできているのか？　つまり，**自然界の最小単位**とはいったい何なのか？ というのは，はるか昔から人類が追い求めてきた**一大テーマ**でした。ここでは，その探求の歴史を見ながら，**原子**から**ひも**へとせまっていきましょう。

はい！

今から約2500年前，ギリシアの哲学者，**デモクリトス**（紀元前460ごろ～紀元前370ごろ）は，**「万物は微小な粒子からできている」**ととなえ，その粒子を**atom（原子）**とよびました。

そんなに昔から原子の存在がとなえられていたんですね。

ええ，でも当時はそれに反対する考え方もあったんですよ。哲学者の**アリストテレス**（紀元前384～紀元前322）などは，**「万物は空気・水・土・火の四つでできている」**と考えました。これを**四元素説**といいます。

ふむふむ。

それから時は流れて**18世紀後半〜19世紀前半**。ようやく原子の存在が確かなものになっていきます。原子の存在を考えると，さまざまな**化学反応**を都合よく解釈できたからなんですね。

でも，結局原子は，自然界の最小単位ではなかった……。

そうなんです。あらゆる物質は原子でできている，とわかったことで，自然界の理解は飛躍的に進み，原子こそ物質の最小単位だと長く信じられてきました。
しかし，19世紀末〜20世紀にかけて，原子にはさらに構成要素があることが判明します。**電子**や**原子核**という，原子を構成する部品が見つかったんです。そして原子は，**原子核のまわりを電子が飛び回るような構造をしていた**ことが明らかになったんです。

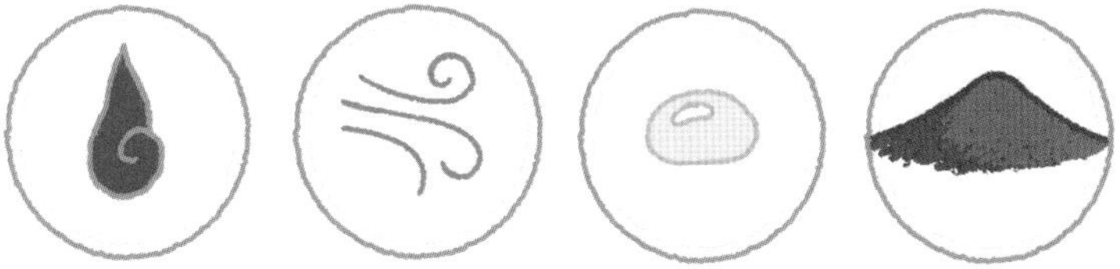

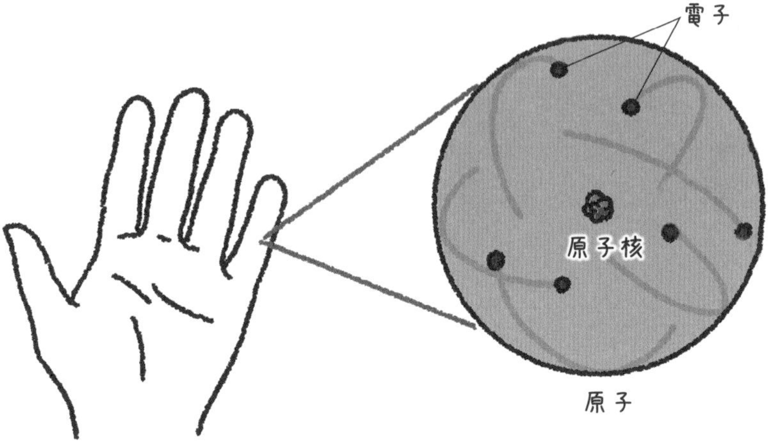

原子のその先には，電子や原子核があったんですね〜。

まだまだ“万物の素”の探求はつづきます。原子核はさらに**陽子**と**中性子**という小さな粒子が集まってできていることがわかったんです。

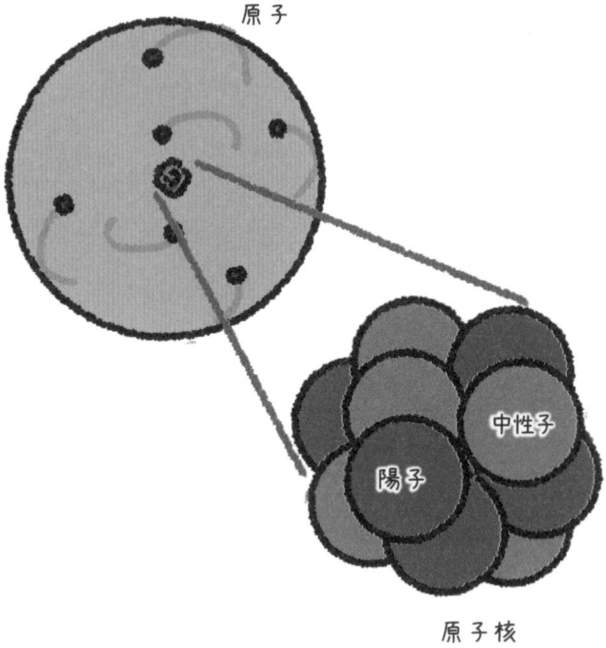

マトリョーシカみたい。

ふふふ，そうですね。
それでね，この陽子と中性子も，もっと小さな粒子が集まってできていたんです！　その小さな粒子が，**クォーク**とよばれるものです。

クォークには，アップクォークとダウンクォークとよばれるものがあります。**陽子はアップクォーク2個と，ダウンクォーク1個。中性子はアップクォーク1個と，ダウンクォーク2個でできているんです。**

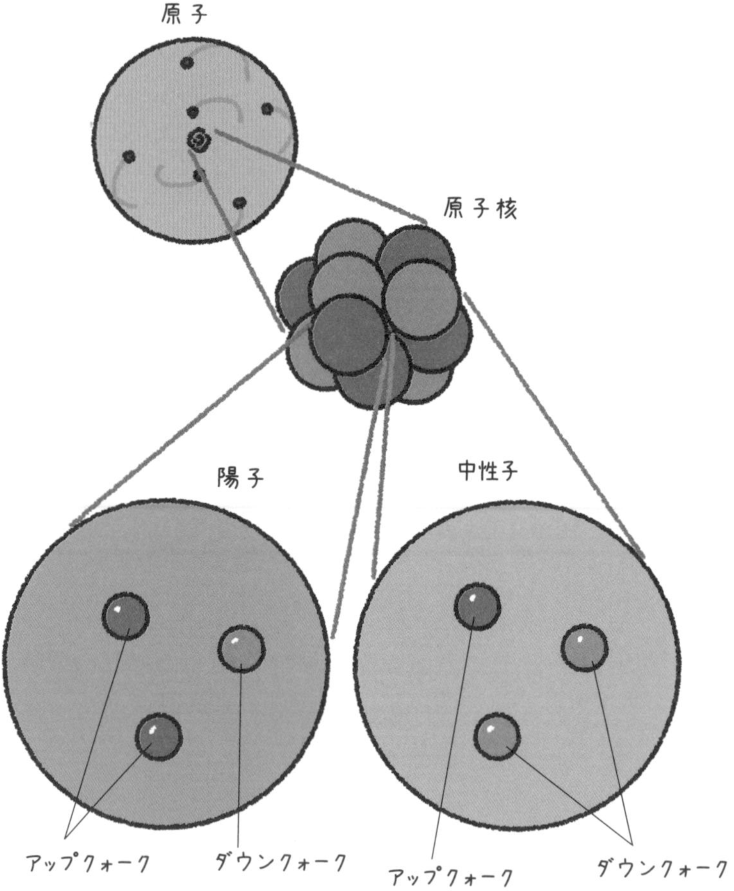

へぇ～っ……。

それで，このカタカナ粒子たちも，さらに小さな粒子に分けられるんですか？

いえ，ひとまず今の科学でわかっているのはここまで。

というわけで，**原子を細かく見ていくと，電子とアップクォーク，ダウンクォークまで分けられるんですね。**

旅の終着点ってことですね。

はい。今のところ，これらの粒子が，素粒子だと考えられています。**素粒子とは，それ以上分けられない最小の粒のことです。**

アップクォークやダウンクォークが見つかったあと，それ以外の素粒子も続々と見つかっています。

そりゅうし……。

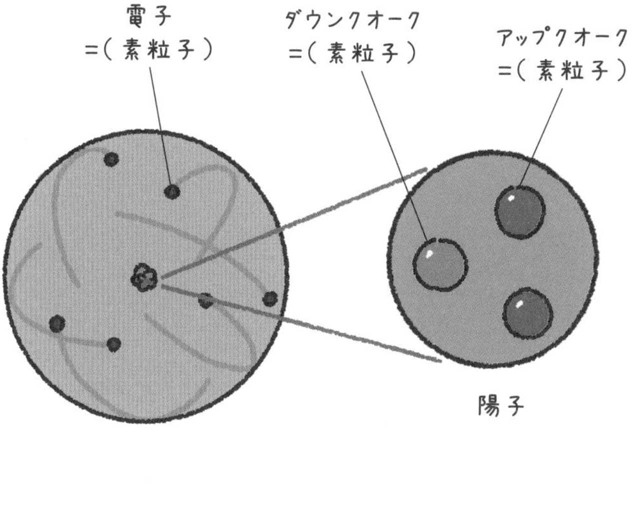

素粒子の正体は，細長いひも

でもちょっと待ってください。
電子やクォークみたいな，最小の粒が素粒子なんですよね？
ひもはどこに出てくるんですか？

ふふ，もう登場していますよ。
素粒子の正体こそ，ひもである！
超ひも理論では，そう考えるんです。

素粒子の正体が，ひも!?
超ひも理論が正しければ，原子はひもでできていると。
それじゃあ，たとえばこの本も，ひもの集まりってことですか？

その通り。
それどころか，あなたの体も，石も水もみーんな，宇宙に存在するありとあらゆる物質は，細かく見ていくと，ひもにたどり着くんです。

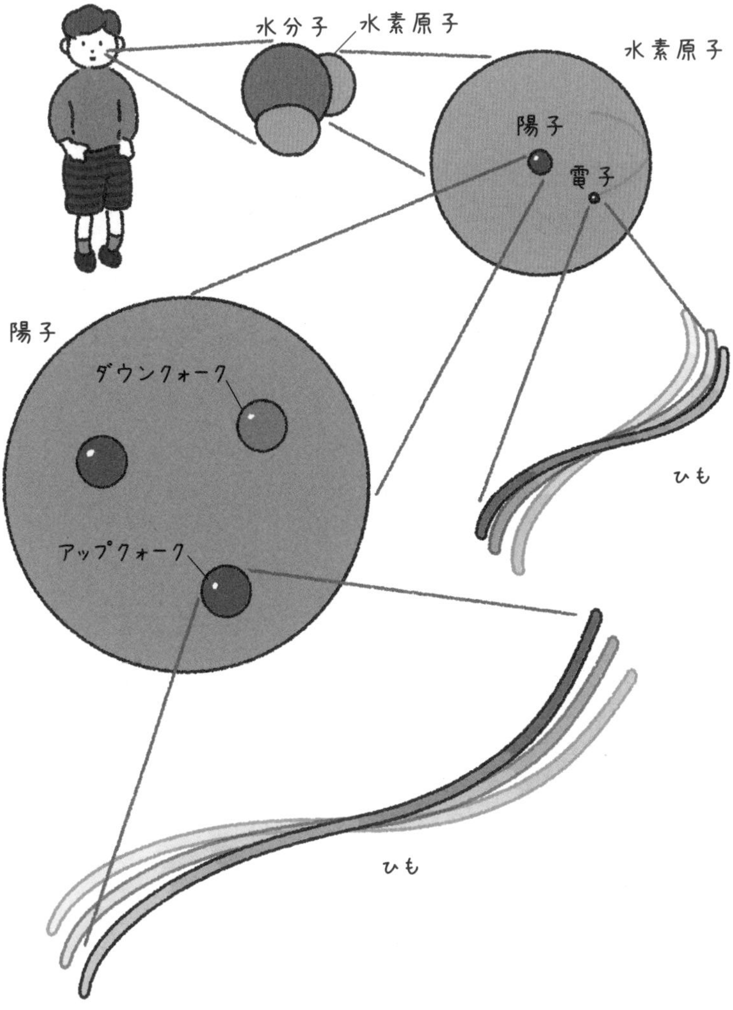
水分子
水素原子
水素原子
陽子
電子
陽子
ダウンクォーク
アップクォーク
ひも
ひも

さらにいえば，光の正体もひもなんです。

ええっー!?　光も，ひも!?

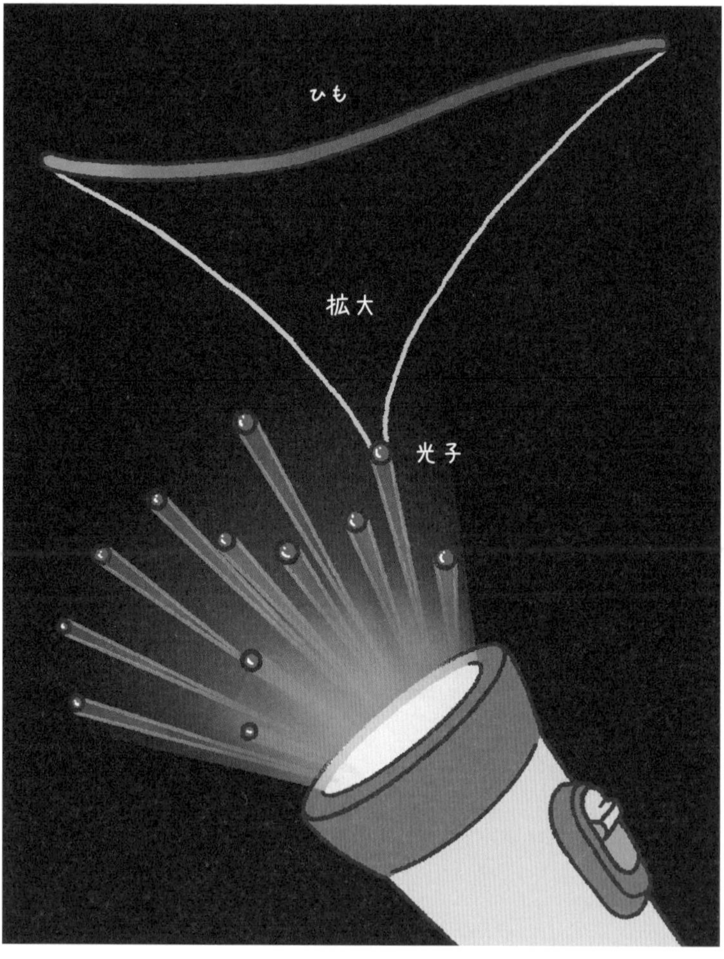

ええ。光の正体は，**光子**という素粒子だと考えられています。
超ひも理論では，その光子の正体も，ひもだと考えるんです。

ほぉー。
それにしても，素粒子っていうイメージとちがいますね。粒ではなくて，ひもだなんて。
イラストでも，素粒子は球としてえがかれているのに。

物理学の世界では，従来，素粒子は**大きさのない点**だと考えて，理論を構築してきました。つまり，クォークや電子の**直径はゼロ**だと考えられているのです。
でも，それではイラストにえがけないので，仕方なく球であらわしているというわけです。

じゃあなぜ，超ひも理論では，素粒子を点ではなくて，ひもとして考えるようになったんですか？

くわしくは2時間目で説明しますが，**重力について計算するときなど，素粒子を点だと考えると，さまざまな問題が生じてしまい，物理的に意味のある結果が得られないことがわかったんです。**
そこで，素粒子をひもだとするアイデアが生まれたのです。

へぇ～。

超ひも理論は，既存の物理学がかかえるさまざまな問題を解決すると期待されている，**ものすっごい理論**なんです。
さらに，**超ひも理論は，物理学者が長年追い求めてきた「究極の理論」になり得る可能性だって秘めているのです！**

究極の理論!?
かっこいいですね！

ふふふ。そうでしょう！　**究極の理論というのは，この世界のあらゆる現象を統一的に説明する理論で，物理学者の夢ともいえるものです。**
ただし，素粒子がひもでできている，という証拠はまだ見つかっていません。つまり超ひも理論が正しい理論であるという確認がとれていないのです。超ひも理論の研究は，まさに今，さかんに進められている最中なんです。

未完成の理論なんですね。

STEP 2

素粒子ってどんなもの？

物質の最小部品である素粒子。素粒子とは，いったいどういうものなのでしょうか。まずは，素粒子についてくわしく見ていきましょう。

素粒子の大きさはゼロ

本格的に超ひも理論について解説する前に，**素粒子**とはどういうものかを説明しておきましょう。

はい，お願いします！

まずは，素粒子がどれくらいのスケールのサイズなのかをお話しします。
ちなみに，**原子の大きさ**が，どれくらいかご存じですか？

うーん，1ミリメートルの100分の1くらいでしょうか？（あてずっぽう）

ふふふ，かすってもないですよ。
原子の直径は**1ミリメートルの1000万分の1**（約10^{-10}メートル）ほどです。
さらに，原子の中にある陽子は，**原子の10万分の1**（約10^{-15}メートル）ほどの大きさです。

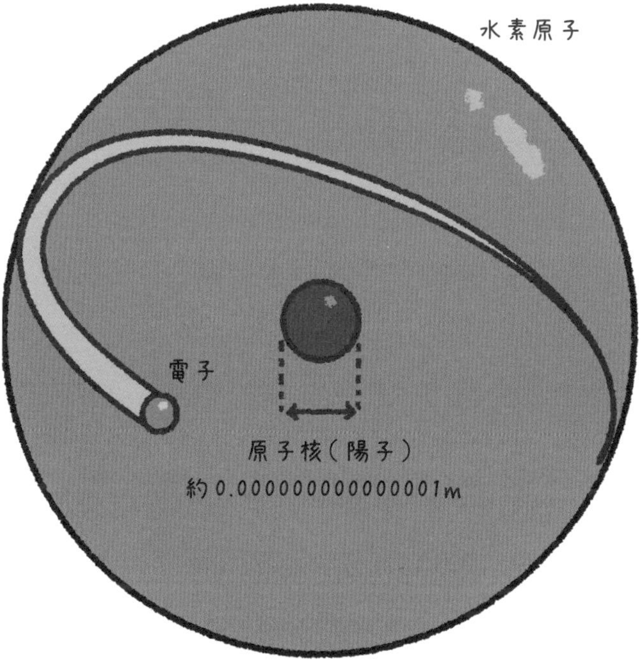

ひいぃ〜！
とんでもないスケール感！

そして，陽子や中性子をつくるクォークや電子などの**素粒子**は，実験的には最大でも**陽子の1万分の1程度**だということがわかっています。つまり10^{-19}メートル程度未満です。そのため，既存の物理学では理論上，**素粒子は大きさゼロの点**としてあつかわれています。

大きさゼロ……。

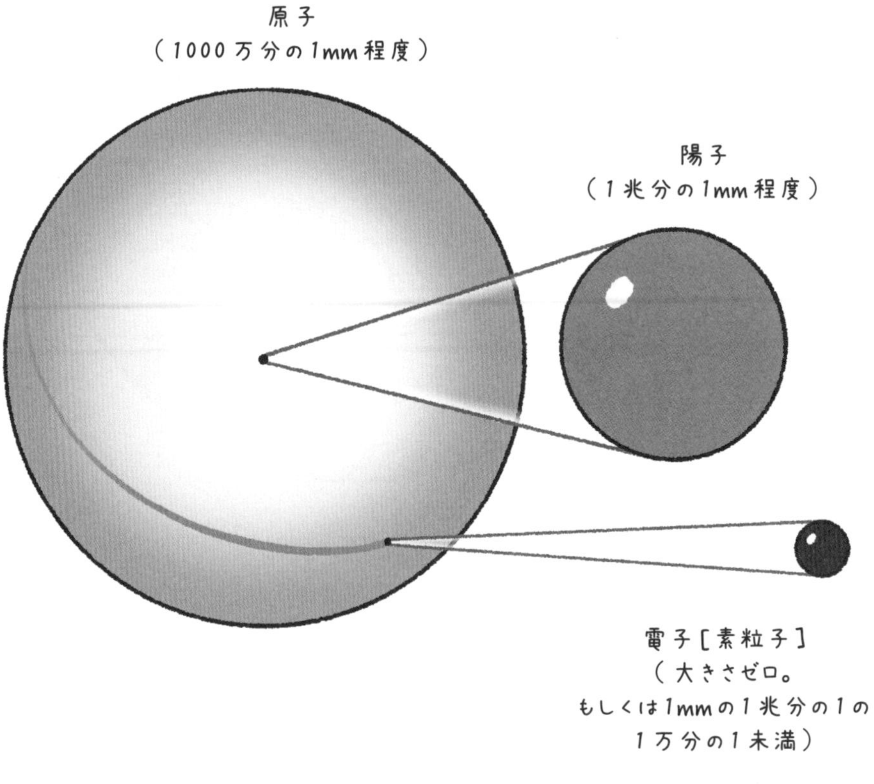

はい。地球の大きさまで原子を拡大すると，陽子は**野球場**くらいの大きさです。そして，電子やクォークなどの大きさは**ゼロ**，もしくは最大でも**野球のボール**くらいの大きさということになります。

ふぅむ。

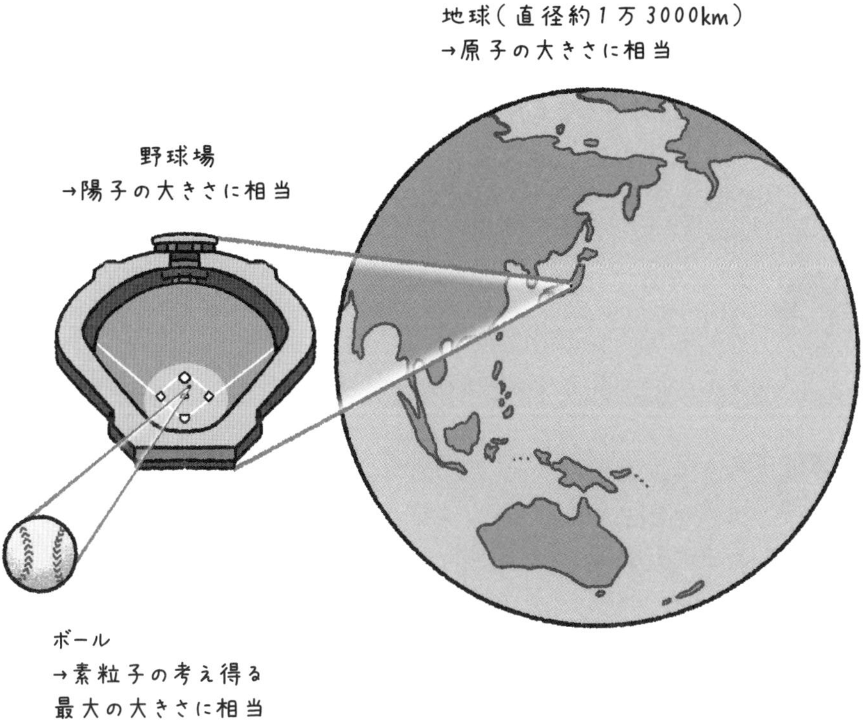

発見されている素粒子は全部で17種類

素粒子がどれほど小さいかがわかったところで，ここからは素粒子の種類について紹介しましょう。たくさん素粒子の名前が出てきますが，覚える必要はありませんよ。
まず原子の中にある陽子や中性子は，**アップクォーク**と**ダウンクォーク**という2種類の素粒子でできていると説明しましたね。

はい。

実はクォークの仲間はこの2種類だけではないんです。
宇宙線の観測や**加速器**での実験などによって，**6種類のクォークの仲間**が見つかっています。
イラストの球の中の数字は，おびている電気の量（電荷）を示したもので，電子の電荷を−1とした場合の値です。

ダウンクォークとアップクォークのほかに4種類のクォークが存在していると……。
なんだかどれも中途半端な電荷ばかりですね。

そうですね。せっかくなので，陽子と中性子の電荷を確認してみましょうか。陽子は**アップクォーク2個**と**ダウンクォーク1個**からできています。

ということは陽子1個の電荷は，$\frac{2}{3} \times 2 - \frac{1}{3} = 1$でしょうか？

クォークの仲間

そうです。
陽子の電荷はたしかに＋1になります。
じゃあ次は，アップクォーク1個，ダウンクォーク2個からできている中性子はどうでしょうか？

えっと $\frac{2}{3}-\frac{1}{3}\times 2=0$ になります。

その通りです。
中性子は電荷をもっていないんです。
クォークの電荷が分数っていうのは，ちょっと不思議に感じられるかもしれませんが，陽子や中性子の電荷を計算すると，うまく整数になるんですね。

なるほど～。
ところで，先ほど話にでてきた宇宙線や加速器ってなんですか？

まず，宇宙線とは，**宇宙から降り注ぐ放射線**のことです。その正体は主に，高速で飛来してきた**陽子**です。

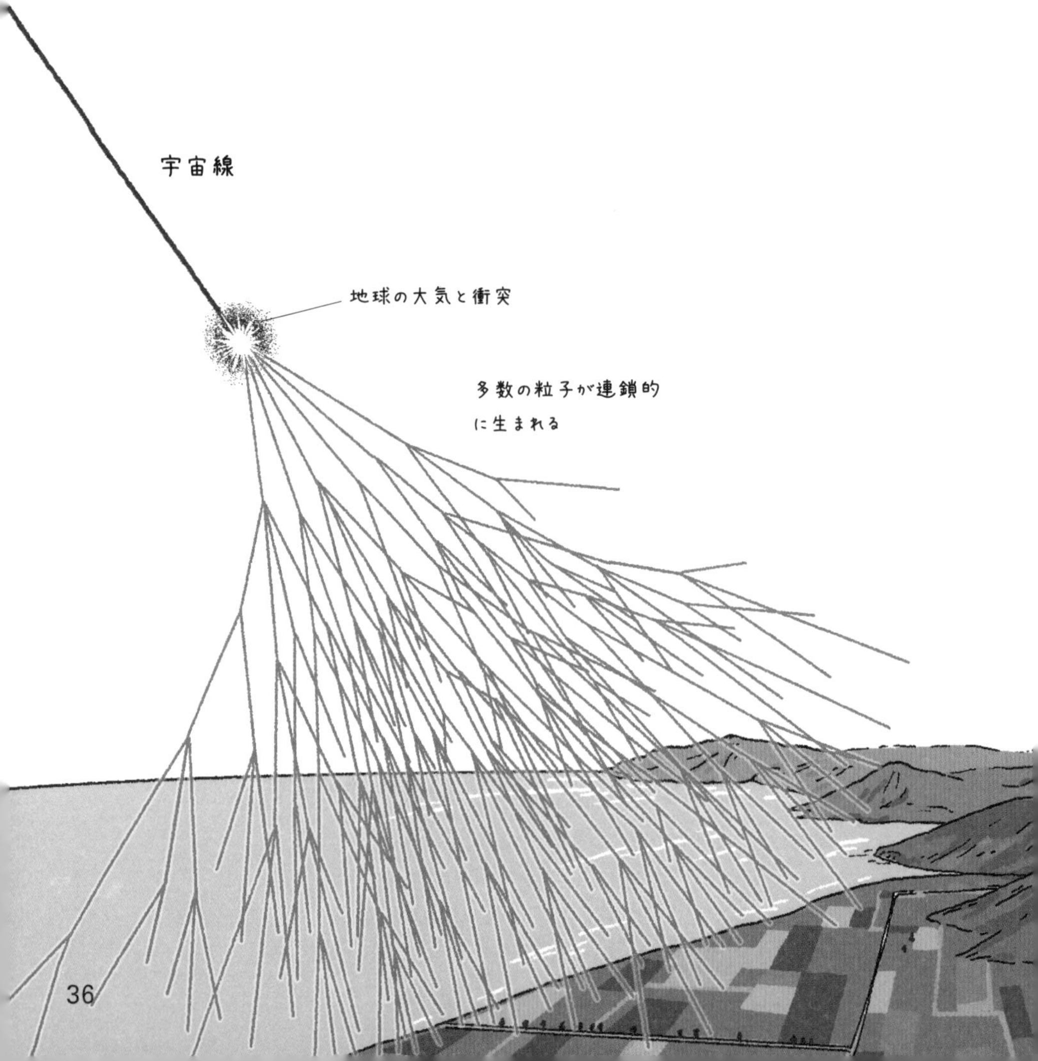

たとえば，**恒星が爆発すると宇宙線が発生します。それが地球の大気中の窒素分子や酸素分子と衝突すると，クォークなどの素粒子を含むさまざまな粒子が生じるんです。**

粒子が生じる……？
壊れて，破片が飛び散るようなイメージですか？

いいえ，全然ちがうんです。
衝突によって壊れるのではなくて，衝突時のエネルギーを元に，まったく新しい粒子が生まれているんです。
ですから，衝突前には存在しなかった粒子が大量に発生するんですよ。
一般的な衝突のイメージとはちがうので，信じがたいかもしれませんね。

衝突のエネルギーを元に**粒子が生まれる!?**
精神論ぽい……。

ふふふ。一方，**加速器**とは，今の宇宙線の話を，人工的に行うための**実験装置**のことです。
加速器は，内部が真空になったパイプが本体で，その中で，陽子などの粒子を光の速度近くまで加速させることができるんです。
そして，**猛スピードに加速した粒子同士を正面衝突させると，エネルギーの大きさに応じた，さまざまな新しい粒子が生み出されるんです。**

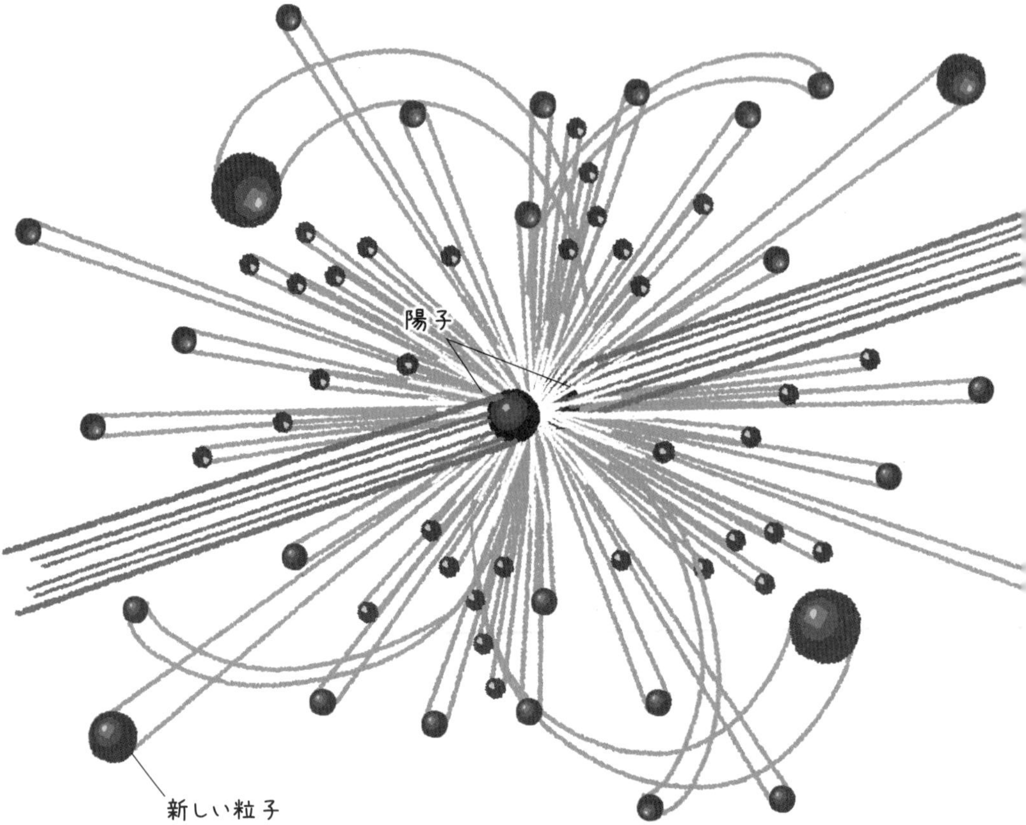
陽子
新しい粒子

へえ〜っ。
ものすごい装置なんですね！

そうなんですよ。素粒子物理学では，加速器は**必須の実験道具**なんです。実際に，**加速器実験によって数々の新しい粒子が発見されました。**

そんな実験道具，あちこちにあるんですか？　そんな猛スピードを出すということは，大きな装置なんでしょうね。

スイスのジュネーブには，ヨーロッパ原子核研究機構（CERN）の巨大な加速器「**LHC**」があります。
この加速器は，1周が27キロメートルもあるリングになっています。**JR山手線の長さ**に匹敵する大きさですね。

山手線規模の大きさ！
そんな巨大な実験施設で行われているのが，とっても小さな素粒子の研究とは……。

こんなにすごい

巨大な加速器「LHC」

スイスのジュネーブには，ヨーロッパ原子核研究機構（CERN）の巨大な加速器「LHC」があります。この加速器は，1周が27キロメートルもあるリングになっています。

そうですね。
かなり脱線しましたけど，とにかく，**クォークの仲間は6種類**です。

はいっ。

それから，電子にも仲間がいます。

電子にも!?

宇宙線の観測や加速器の実験で，電子とよく似た負の電気を帯びた素粒子が発見されているんです。それが1937年に見つかった**ミュー粒子(ミューオン)**と，1975年に見つかった**タウ粒子**です。

ということは，
電子の仲間は3種類ということ？

いいえ，現在までに存在がわかっているのは**6種類**です。1930年に，**ヴォルフガング・パウリ**が，電気を帯びておらず，電子よりも圧倒的に軽い素粒子の存在を予言しました。実際に1950年に新たな素粒子が発見され，その予言が裏付けられます。

それが**ニュートリノ**という素粒子です。
さらにその後，ニュートリノには3種類あることがわかり，結局電子の仲間は6種類になったのです。この6種類の電子の仲間は**レプトン**とよばれています。
下のイラストの球の中の数字は電荷の大きさを示しています。

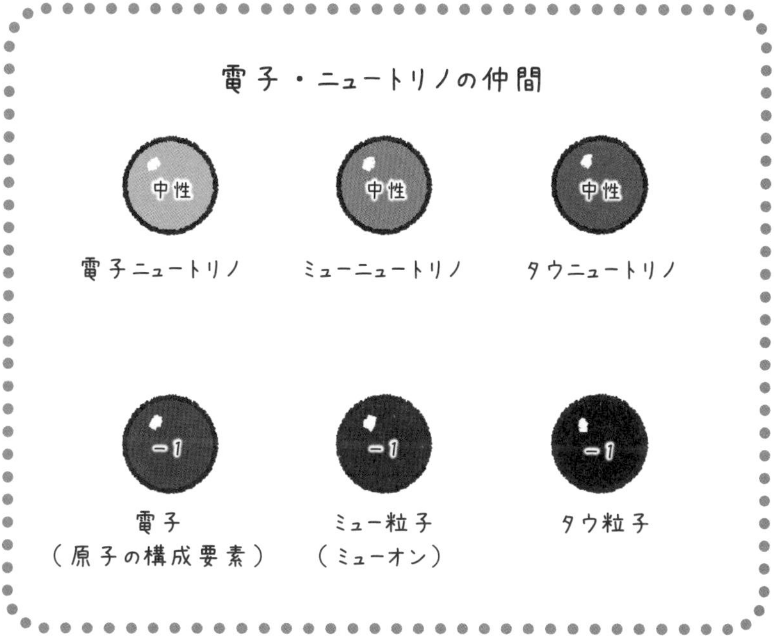

ニュートリノは，ノーベル物理学賞を受賞した**小柴昌俊博士**や**梶田隆章博士**の研究で，有名になりました。

素粒子って，たくさん見つかっているんですね。

ええ，それからここまで紹介した物質を形づくる素粒子のほかに，**力を伝える素粒子**というのも存在します。

えっ!?
素粒子って物質を形づくるものじゃないんですか？

くわしくは2時間目で説明しますが，**自然界のあらゆる力は素粒子のやりとりで伝えられると考えられるんです。**そういった力は，物質をつくる素粒子の仲間とは別の素粒子たちの存在によって成り立っています。現在，力を伝える素粒子として，**4種類**が見つかっています。

力を伝える素粒子の仲間たち

そして最後に，万物に質量をあたえる素粒子「**ヒッグス粒子**」があります。くわしい説明はしませんが，**電子などの素粒子が質量をもっているのは，このヒッグス粒子のおかげだと考えられています。**2012年に発見され，大きなインパクトをあたえました。

ということは，今までに見つかっている
素粒子は17種類，ということでしょうか？

ええ，基本的な素粒子は17種類ですね。
ただし，**未発見の素粒子の存在も予言されているので，今後17種類から増える可能性があります。**

現在見つかっている素粒子（17種類）

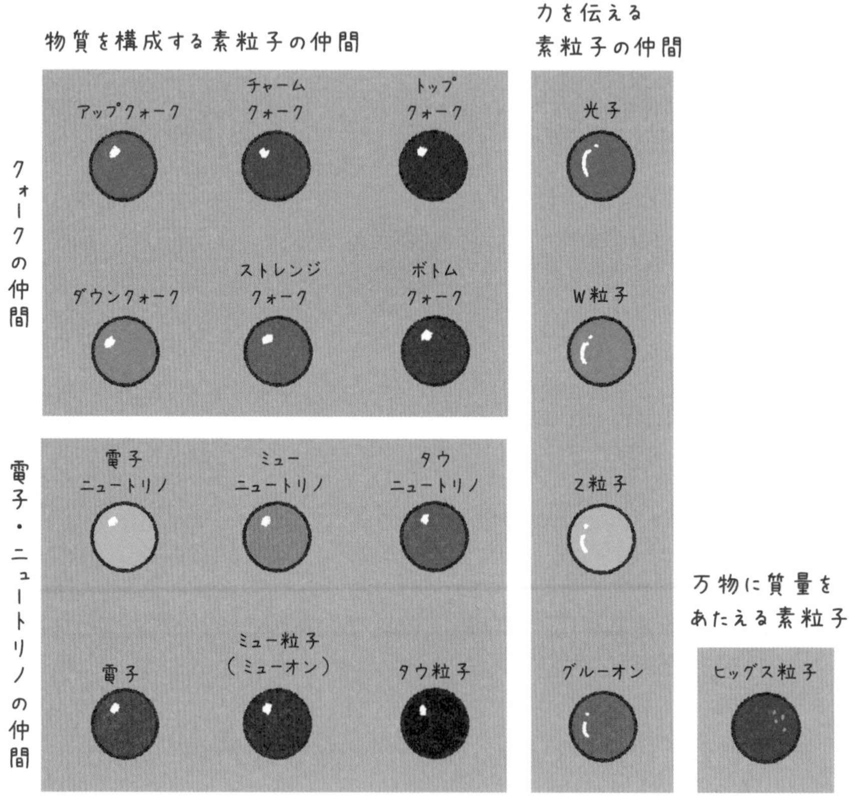

素粒子には，パートナーとなる影の素粒子が存在する

今見つかっている基本の素粒子は17種類だと説明しましたが，素粒子には，実はそれぞれパートナーがいるんです。

パートナー？

はい。**影の素粒子**といわれるものです。
影の素粒子は，**反粒子**とよばれ，元の素粒子とは重さなどの性質は同じですが，**おびている電気の符号が，プラスとマイナスで逆**という特徴があります。

へえぇ……。
なんでそんなものが存在するんだろ。不思議。

たとえば電子には**陽電子**という反粒子が存在します。
陽電子は，重さが電子とまったく同じで，電子と逆の，プラスの電気をおびています。

ふむふむ。

ただし，反粒子は自然界にはあまり存在しません。ある粒子と反粒子が出合うと，大きなエネルギーを放出して，反粒子は消滅してしまうんです。これを**対消滅**といいます。宇宙線と大気の衝突や，雷などにともなって，反粒子が発生することがありますが，すぐに空気などと対消滅をおこして消えてしまうんです。

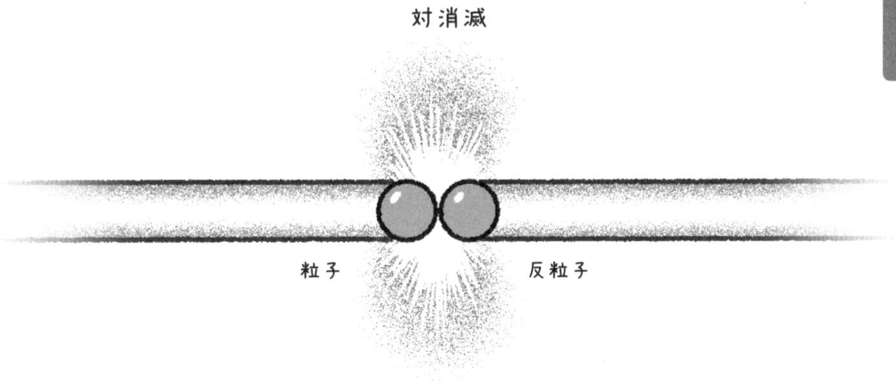

エネルギーを放出してすぐに消えてしまうなんて……。
ほんとに影の存在なんですね。

ちなみに，光子，Z粒子，W粒子，グルーオン，ヒッグス粒子は，粒子と反粒子の区別がなく，パートナーはいません。

ひもの振動のちがいで，いろんな素粒子が生まれる

素粒子って，意外と多いんですね。

ふふふ，そうですね。

超ひも理論では，素粒子の正体は“ひも”なわけですよね。だから，どの素粒子も全部ひもでできている，ってことになりますか？

はい，**どの素粒子も，正体は，ひもです。**

そんなにひもの種類がたくさんあるんですか？　材質がちがう，みたいな？　そもそも，“ひも”って何でできているんでしょうか？

うーん，超ひも理論のひもは，素材を考えようがないんですよ。たとえば，**ダイヤモンド**はどんどん細かく分けていくと炭素に行き着きますから，ダイヤモンドの素材は**炭素原子**だといえます。

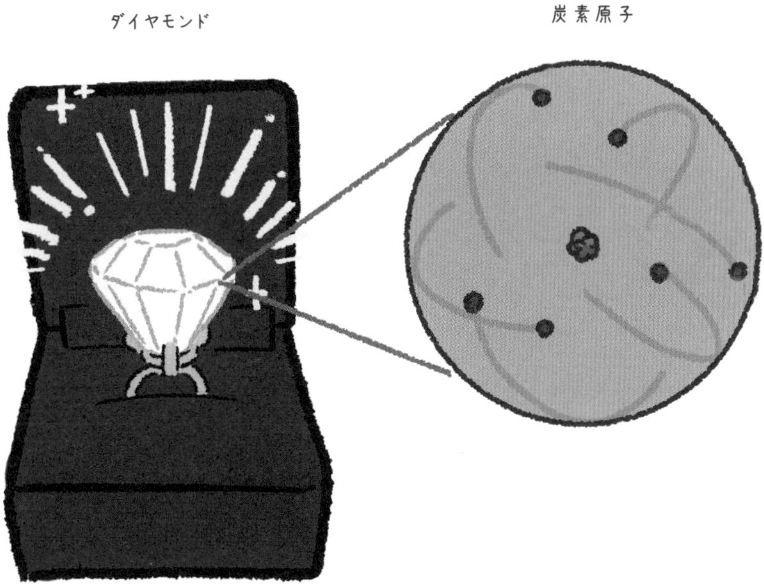

そして炭素原子の素材は，陽子や中性子，電子だといえるでしょう。ところが**素粒子については，それ以上分割できないわけですから，素材を考えようがないのです。**

確かに……。

それで，素粒子はたくさんありますけど，実は**ひもの種類は1種類**だけだと考えられています。

ん？

超ひも理論では，素粒子の正体はひもだと考えるんですよね？　素粒子はたくさんあるのに，ひもは1種類っておかしくないですか？

それが**おかしくないんです。**

超ひも理論のひもは，ものすごいスピードで**振動**しています。**振動のしかたや巻き方などによって，1種類のひもが，ちがう種類の素粒子に見えるのだと考えられているんです。**

しんどう？

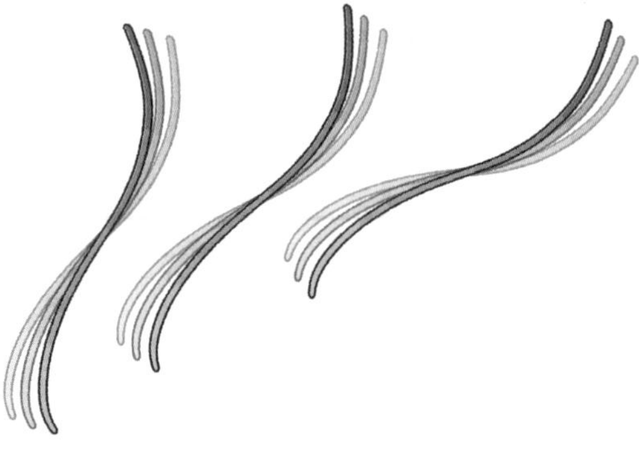

ええ。**弦楽器**と似ているかもしれません。

弦楽器は，弦の振動のしかたを変えることで，同じ弦からさまざまな音色をつくりだすことができますよね。

同じように，**超ひも理論のひもも，振動のちがいが，素粒子の性質のちがいとして私たちに見えている，ということになります。**

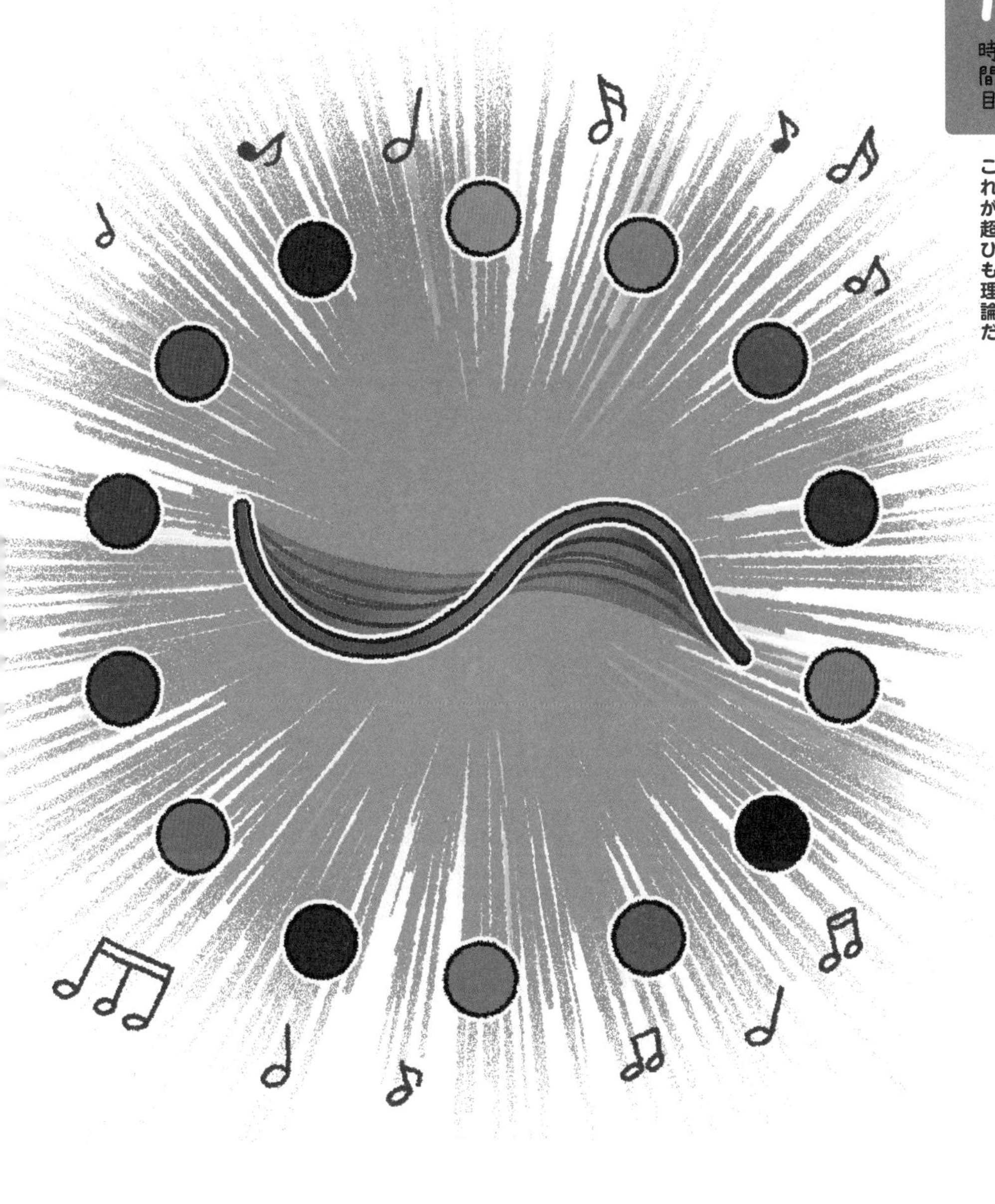

素粒子たちは，振動のしかたがちがうだけで，**実は同じひも**，ということなのか……。

1時間目はここまでです。超ひも理論や素粒子について，ぼんやりとでもわかってきましたか？

なんとなくですが。
素粒子を“ひも”ととらえる感覚に慣れるのに時間がかかりそうです。さらに，それがあまりにも小さな世界のことなので，**イメージするのがなかなか困難**です。

次の時間からは，超ひも理論のひもとはどういうものなのか，くわしくせまっていきますよ！

2
時間目
ひもの正体にせまろう！

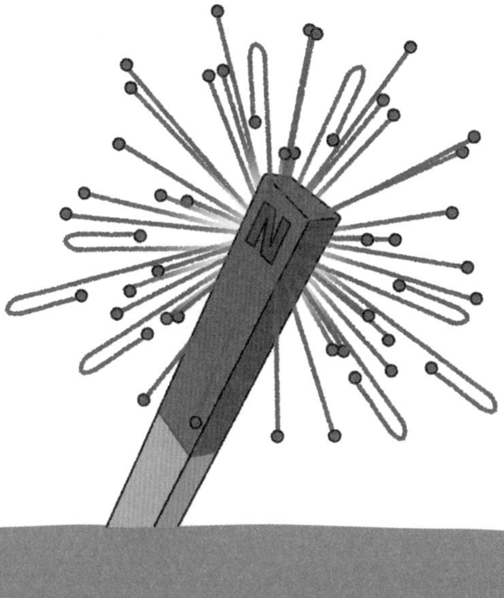

STEP 1

超高速で振動するひもが「物質」をつくる

“ひも”とは，一体何なのでしょうか？　ここからはいよいよ，その実態にせまっていきます。まずは，ひもの持つ，不思議な特徴について見ていきましょう。

ひもの長さは10^{-35}メートル

先生，“ひも”というものについて，いまいちイメージがつかめません……もう少しくわしく教えてください。まず，ひもって，普通の糸みたいなものでしょうか？

一般的なひもとは，少しちがうかもしれません。
なぜなら，超ひも理論のひもには，太さはないと考えられているからです。
つまり，**ひもは，太さゼロで，断面は大きさのない点ということになります。**

太さゼロ～？
うーん……まったくイメージできません。

そうですよね。イラストでえがくことが困難なので，この本では，太さがあるようにひもをえがきます。でも，実際には，ひもは太さゼロの１次元の物体なんですよ。

うーん……，**長さはあるんですか？**

長さもゼロだと，ひもじゃなくなっちゃいます。
ひもですから，長さはちゃんとありますよ。
1時間目に原子の大きさは**10^{-10}メートル程度**だと説明しましたね。
そして，原子核が**10^{-15}メートルほど**だと。

はい。
想像を絶する小ささでした。

ひもはそれよりもさらに小さくて，原子核の大きさの1000兆分の1の，さらに10万分の1程度，つまり**10^{-35}メートル**ほどしかないんです。

どっひゃ〜！
めちゃくちゃ短いんですね。

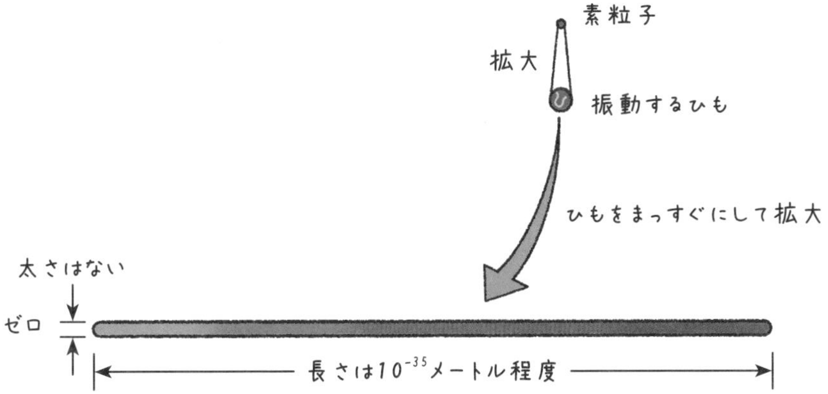

たとえば，1個の原子を，私たちが住む天の川銀河の大きさに拡大したとします。すると，中心にある原子核は，太陽系の果てくらいの大きさになります。そして，これくらいのスケールに拡大したとしても，ひもは単細胞生物のゾウリムシくらいのサイズになります。

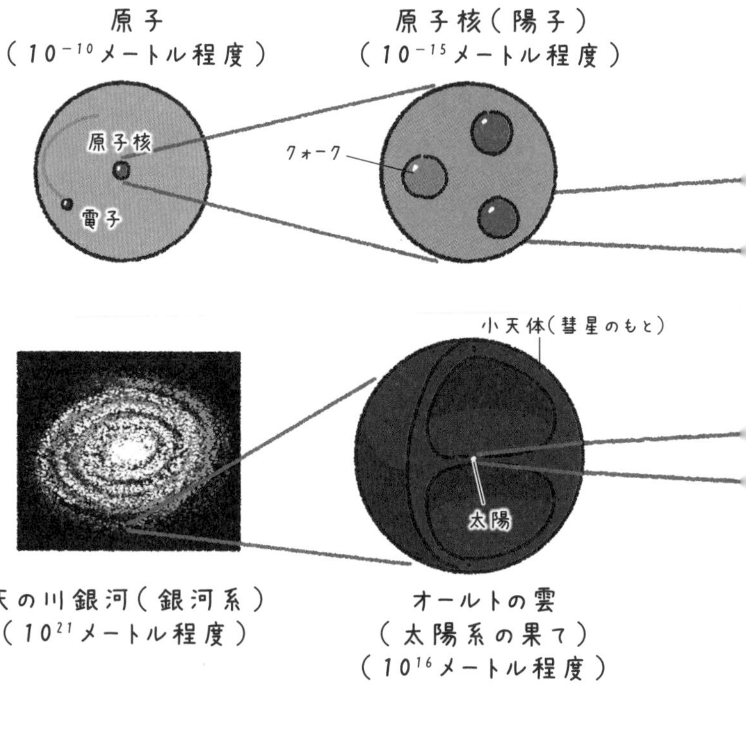

ひぇーっ！
ひもを見ることはできるんですか？

どんな技術でも，**ひもを見ることは不可能**で，将来的にもむずかしいでしょうね。

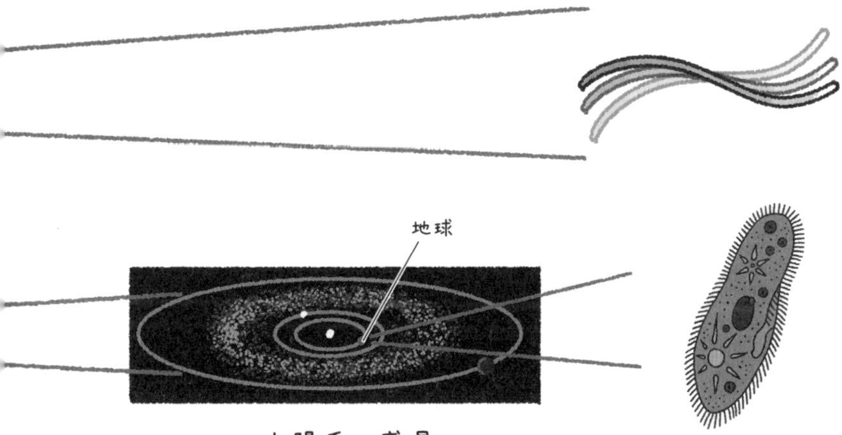

ひもは切れたりくっついたりする

ここからは，ひものいろんな性質について見ていきましょう。
まず，超ひも理論のひもは，**のびたり縮んだり**します。

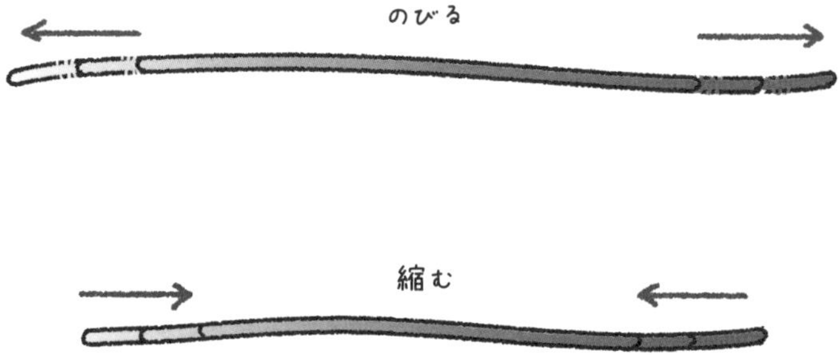

ゴムのようなものですか？

うーん，ゴムともちがうんです。
たとえばゴムひもは，両端を引っ張ってのばすと，少しずつのびにくくなりますよね。つまり，のびるにつれて引き戻そうとする力，すなわち**張力**が強くなるんです。
一方，**超ひも理論のひもは，張力がつねに一定です。張力以上の力で引っ張れば，ずっとのびつづけます。**

のびつづける……。
いったい，**張力**はどれくらいなんですか？

10^{44}ニュートンほどです。

にゅーとん？

はい。ニュートンは力の単位です。10^{44}ニュートンを地表の重力で引かれる大きさに換算すると，だいたい**10^{40}トン**のおもりにかかる重力の大きさに相当します。

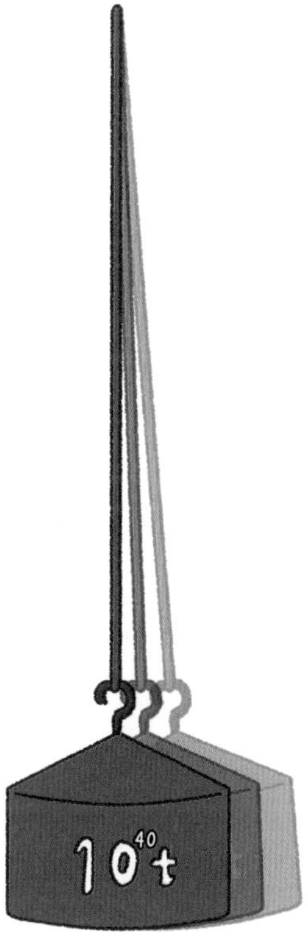

ええええ〜!?

そんな力で引っ張らないとのびないってことですか。
しかも，のびつづけるなんて……。

でも，**ひもは，ある程度のびると切れて，二つに分かれると考えられています。**

のばしすぎると切れる！

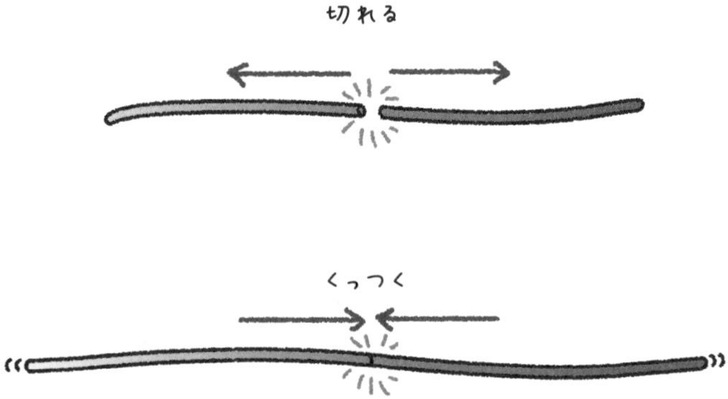

はい。ただし，どのくらい切れやすいかはわかっていません。また，逆に，二つのひもがくっついて一つになることもあります。さらに，1本のひもの両端がくっついて，輪っか状のひもになることもあります。
このことから，**ひもは，開いた状態と閉じた状態の二つの状態があると考えられているんです。**

開いたひもと，閉じたひも……。
開いたひもは，普通のひもで，閉じたひもはリング状なんですね。

はい。ひもには，開いたひもと閉じたひもの2種類があるっていうのは，このあとにも出てくる大事なことなので，覚えておいてください。

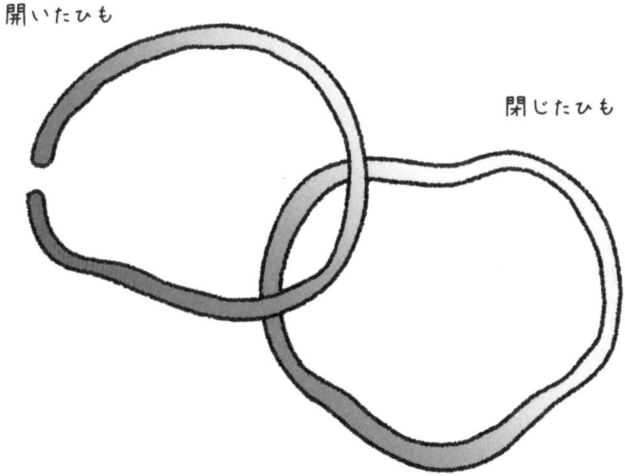

ひもは1秒間に10^{42}回振動している

最後に，ひもの**最も重要な特徴**を紹介しましょう。
それは，**ひもは，たえず振動している**ということです。

振動のしかたによって，ことなる素粒子に見えるんでしたよね。
ひもは，いったいどれくらいの速さで振動しているんですか？

ひもは，**1秒間に10^{42}回以上**も振動していると考えられています。

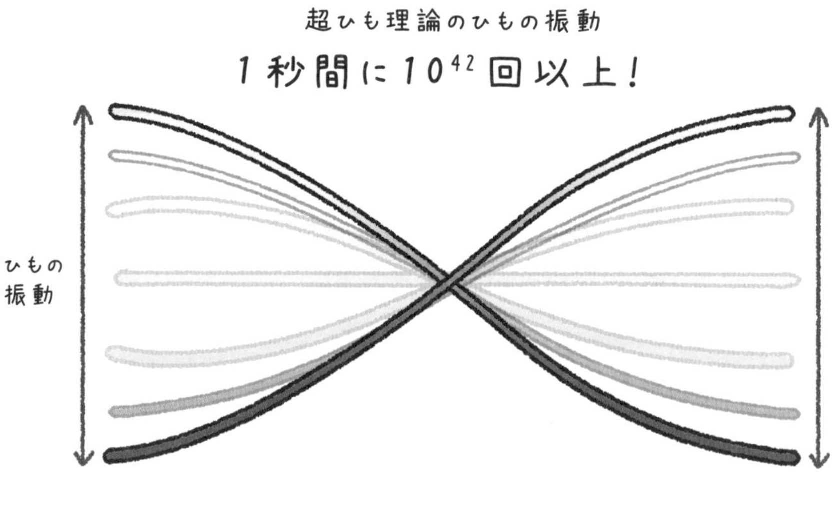

またまた〜！ 想像できませんっ！

そうですね。1秒間に振動する回数のことを**振動数**といい，**ヘルツ（Hz）**という単位であらわされます。
ひもの振動数は10^{42}Hz以上，ということになります。**つまり，わずか1秒間に，1兆回の1兆倍の1兆倍のさらに100万倍という，途方もない速さで振動しているんです。**
楽器の弦とはくらべものにならないくらい，猛烈な振動をしていることになりますね。ちなみに，**開いたひもの場合，端の部分が動く速さは，光速にも達します。**

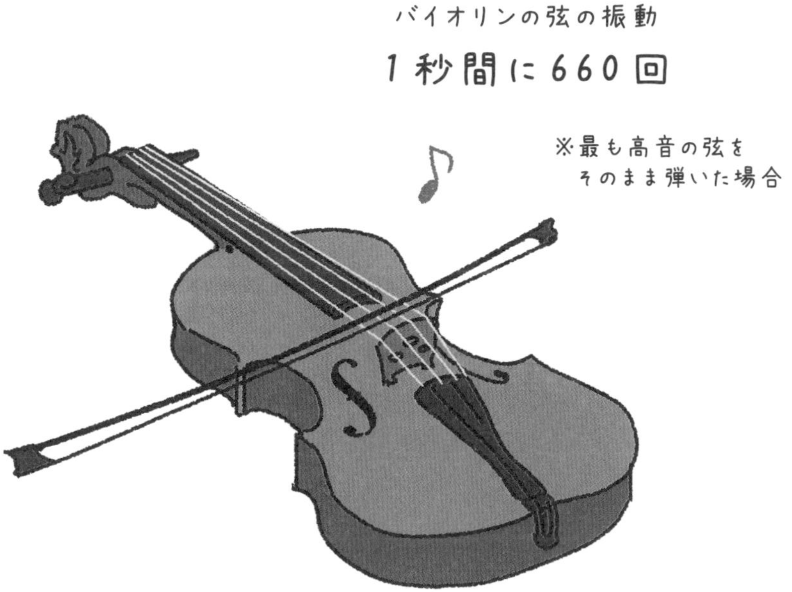

こ，光速？

はい，**光速とは，真空中を光が進む速さのことです。**
秒速約30万キロメートルで，これが自然界の最高速度だとされています。

自然界の最高速度で振動……。
トンデモナイですね。

ひもの振動のしかたを見てみよう

ひもの振動というのが，いまひとつ想像できないんですけれど……。
ひもの振動のちがいが素粒子のちがいになるわけですよね？

ええ。それでは，ひもの振動のしかたを少し見てみましょう。3時間目でくわしく話しますけど，ひもの振動も，正しくイラストにえがくことは，実はできないんですけどね。

でしょうね……。

くわしくは3時間目のお楽しみとして，ここでは，ひもの両端が固定されていない，開いたひもの振動について考えてみましょう。
両端が固定されていない開いたひもは，波の山と谷が，その場で上下するように振動します。
海の波は山や谷が移動しますが，このときのひもの振動は，山と谷の位置が動きません。
このような振動でできる波を「**定常波**」といいます。

ていじょうは……。

はい。定常波には，動かない「**節**」と，山もしくは谷の頂点となる「**腹**」があります。
節と腹の数が増えることで，振動のしかたがちがってくるんです。

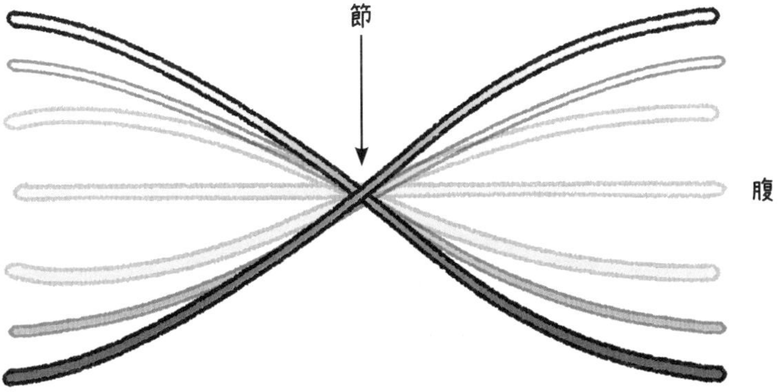

節と腹の数が変わる，つまり，形が変わる，という感じなのかな……。

基本的な振動パターンをいくつか紹介しましょう。下のイラストは，節の数ごとに，振動のしかたをあらわしたものです。

節が1個

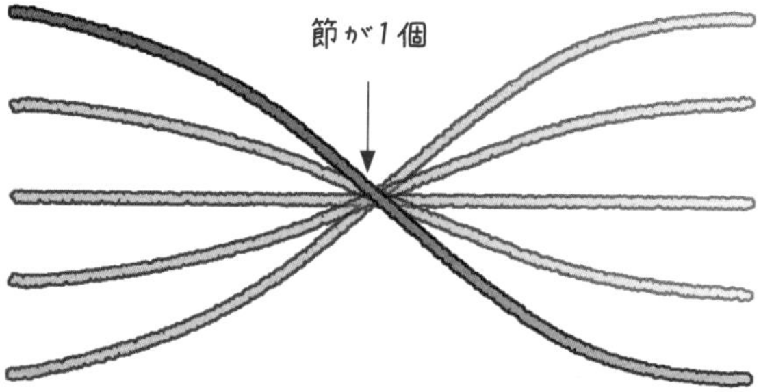

節が2個

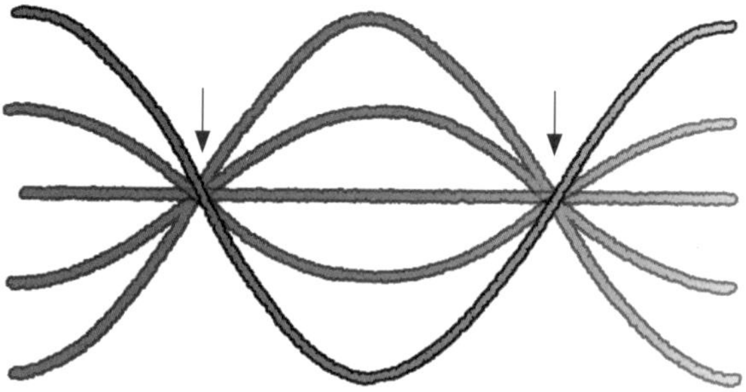

開いたひもは，ひもの端に波の腹があるような振動をします。

節の数によって，いろんな振動のパターンがありうるんですね。

そうなんです。それから，ひもが開いているか閉じているかでも，振動のしかたはちがいます。
このような振動のちがいが，素粒子のちがいとなるんです。

節が3個

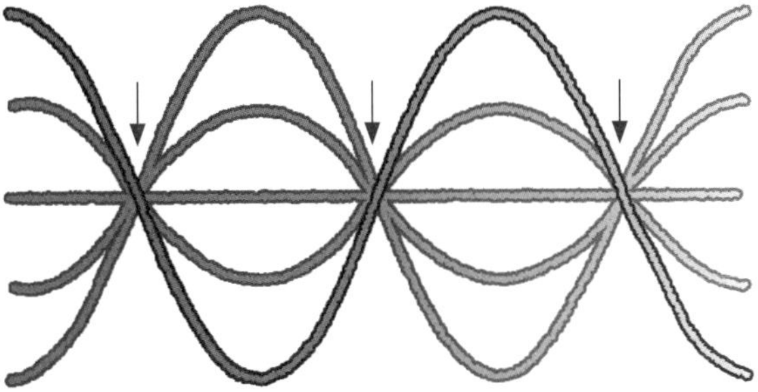

節が4個

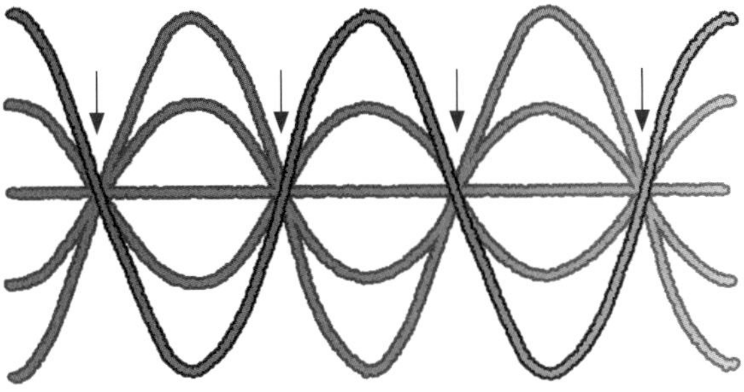

“この振動パターンだとこの素粒子になる”みたいに，振動のパターンと素粒子の種類には何か関連はあるんでしょうか？

いい質問ですね！
ずばり，**ひもの振動がはげしいほど，質量の大きい素粒子になります。**

振動がはげしいと質量が大きい？

ええ，ひもの振動は，波の山と谷の数が多いほど，はげしい振動だといえます。
ところで「$E=mc^2$」という式を見たことはありませんか？　**アインシュタインの相対性理論**によって導かれる式なのですが。

見たことないです。

「$E=mc^2$」のEはエネルギー，mは質量，cは光速をあらわしています。この式は，**エネルギー（E）と質量（m）が，本質的に同じものであることを示した式なんです。**
余談ですが，質量1グラムの物質をエネルギーに換算すると，90,000,000,000,000ジュールとなります。これは，約8万3000戸が1ヶ月に消費する電力エネルギーと同じくらいなんですよ。

$$E = mc^2$$

エネルギー

質量　光速

質量に光速の二乗をかけ算したもの

質量とエネルギーは同じもの！

アルバート・アインシュタイン
（1879～1955）

たった1グラムでも，エネルギーに換算すると，そんな**莫大**になるのか。

そうなんです。
というわけで，はげしい振動をしているひもは，大きなエネルギーをもっていることになり，それはすなわち，大きな質量をもつことになるわけです。

物理学って，**突拍子もない世界ですね。**

一般的な感覚とはかけはなれた部分があるかもしれませんね。
ちなみに，**ひも自体には，質量はないと考えられています。振動することで，はじめて質量が生まれると考えるんです。**

う〜ん。不思議すぎる。

フフフ。

ところで，振動の山や谷の数を増やせば，ひもの振動のバリエーションって無限に生まれそうな気がするんですけど……。

そうなんです！
超ひも理論では，無限の種類の素粒子が存在すると考えられるんです。

む，むげん!?
素粒子は17種類だっていっていましたよね？

あくまで，現在見つかっているのが17種類ということです。現在見つかっている素粒子は，比較的質量が小さいものばかりです。一般的に，重い素粒子ほど発見するのがむずかしいんです。**ですから今後，超ひも理論が予言する無数の重い素粒子も発見されるかもしれません！**

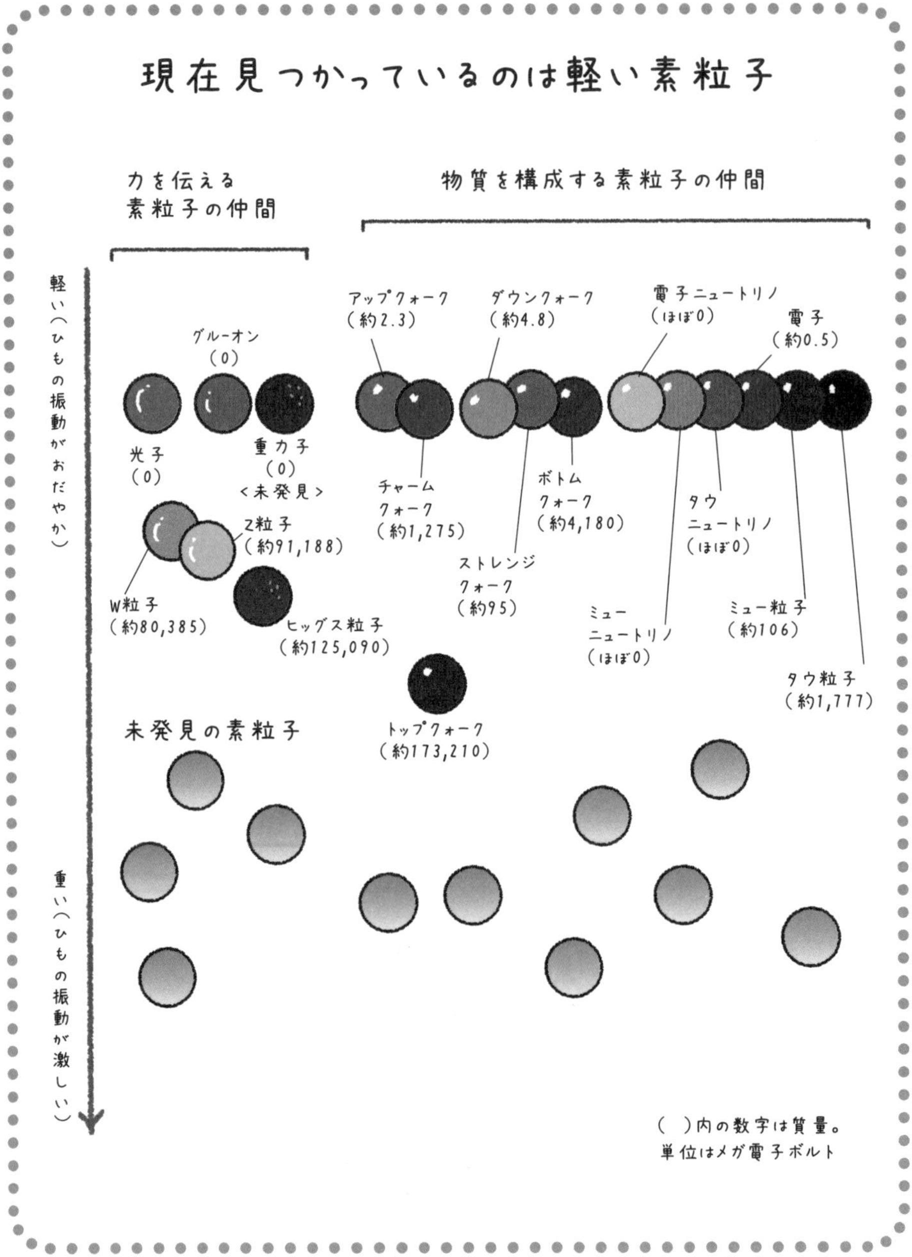

現在見つかっているのは軽い素粒子
力を伝える
素粒子の仲間
物質を構成する素粒子の仲間
軽い（ひもの振動がおだやか）
重い（ひもの振動が激しい）
グルーオン
（0）
光子
（0）
重力子
（0）
<未発見>
Z粒子
（約91,188）
W粒子
（約80,385）
ヒッグス粒子
（約125,090）
アップクォーク
（約2.3）
ダウンクォーク
（約4.8）
電子ニュートリノ
（ほぼ0）
電子
（約0.5）
チャーム
クォーク
（約1,275）
ボトム
クォーク
（約4,180）
ストレンジ
クォーク
（約95）
タウ
ニュートリノ
（ほぼ0）
ミュー
ニュートリノ
（ほぼ0）
ミュー粒子
（約106）
タウ粒子
（約1,777）
トップクォーク
（約173,210）
未発見の素粒子
（　）内の数字は質量。
単位はメガ電子ボルト

ひもの振動がおだやかな素粒子しか発見されていないということか……。17種類って多い！　と思っていましたけど，無数と考えると，まだほんのわずかなんですね。

ともかく，ここまで紹介してきたように，
一般的な感覚では考えられないような不思議なひもが，**この世界のあらゆる物質をつくっている**と，超ひも理論では考えるわけです！

うーん，太さはゼロだけど，長さのあるひもで，小さすぎて見ることはできない，なんとも**不思議なひも**ですね！

ポイント！

超ひも理論の“ひも”の不思議な形態

その1　1次元の物体
太さはゼロ。断面は大きさのない点。

その2　素材は考えられない
自然界の最小部品であり，
何でできているのか考えることはできない。

その3　くっつくことができる
くっついて輪っか状になることもできる。

その4　のび縮みする（のばしすぎるとちぎれる）

その5　激しく振動している
1秒間に10^{42}回以上，振動している。

ひもの基本形態

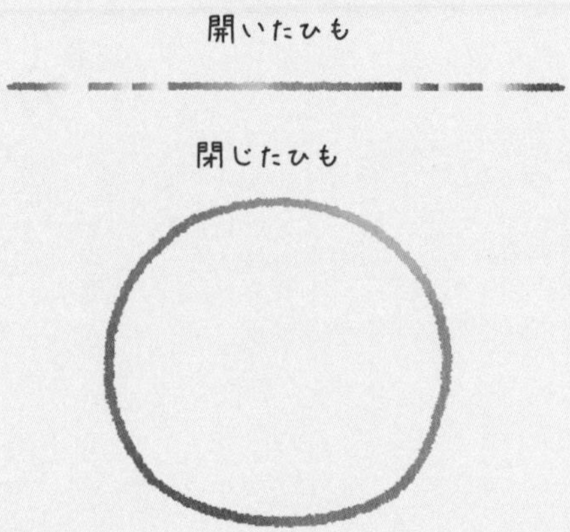

ひものいろいろな形態

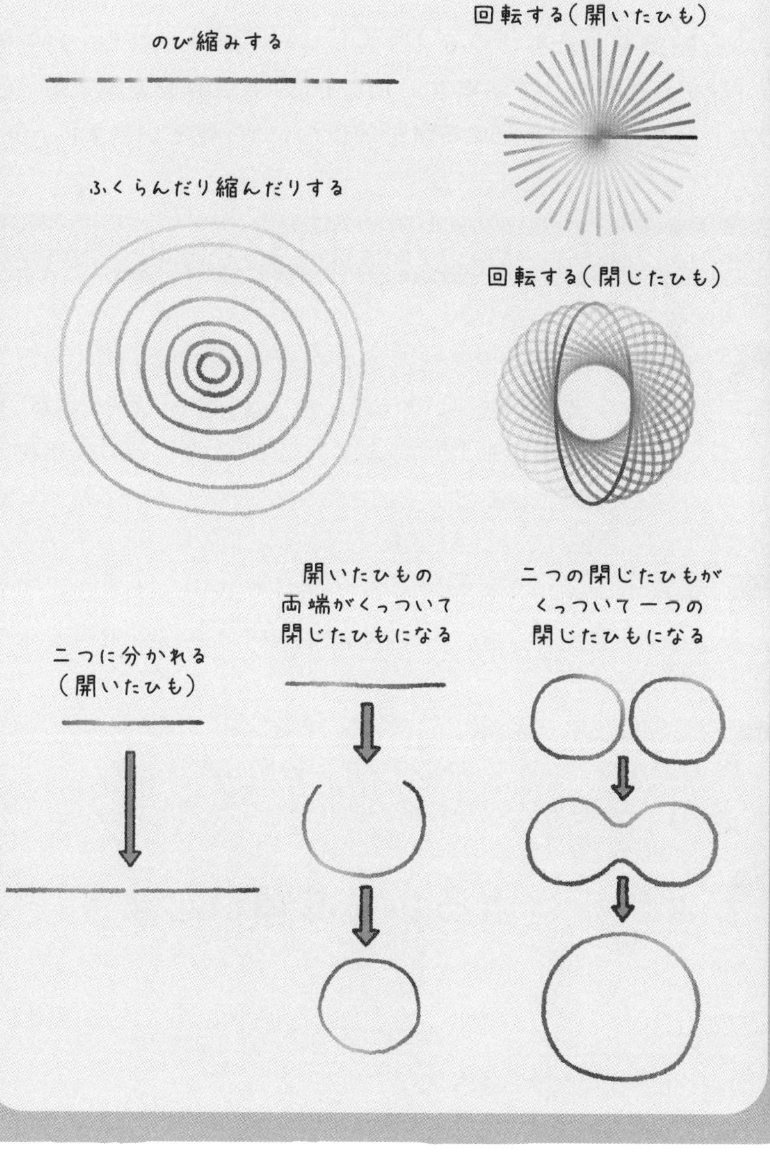
のび縮みする
回転する(開いたひも)
ふくらんだり縮んだりする
回転する(閉じたひも)
二つに分かれる
(開いたひも)
開いたひもの
両端がくっついて
閉じたひもになる
二つの閉じたひもが
くっついて一つの
閉じたひもになる

STEP 2

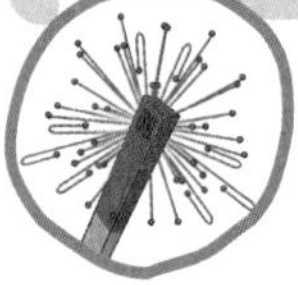

「力」はひもが生みだしていた

あらゆる物質をかたちづくる「ひも」。それだけでなく，力を伝える「ひも」も存在しています。ここでは，自然界を支配する「四つの力」とともに，力を伝える素粒子について，見ていきましょう。

自然界はたった四つの力でできている

1時間目のSTEP2で少しだけお話ししましたが，物質をつくる素粒子（ひも）のほかにも，力を伝える素粒子というものも存在しています。ここでは，そんな素粒子について紹介しましょう。

素粒子って，物質をつくるだけじゃないんですか。力を伝える素粒子とは，いったいどういうものなのでしょうか？

それでは，まずは力について，説明しましょう。

はい！　よろしくお願いします。

私たちの身のまわりには，さまざまな力が存在しています。**摩擦力，圧力，万有引力**……。

腕力！ 生活力，鈍感力……。

しかし，**自然界のあらゆる力は，たった四つの力で説明できると考えられています。**

えっ，たったの四つ？

はい。それが，**重力**，**電磁気力**，**強い力**，**弱い力**，の四つです。

電磁気力と重力はまだしも「強い力」と「弱い力」って，**ずいぶんざっくりですね。**
それに，自然界に力が4種類だけなんて，ちょっと考えられません。物を押したり引っ張ったりする力とか，ぱっと思いつくだけでもどんどん出てきそうですよ。

そうですよね。でも，私たちの身のまわりで経験する力の多くは，実は**電磁気力**で説明できるんです。
電磁気力とは，静電気をおびた下敷きが髪を引きつけるように，電気や磁気をもつ物が相手を引きつけたり遠ざけたりする力です。

ポイント!

自然界の四つの力

重力

質量をもつ物質どうしが引きつけあう力。

強い力

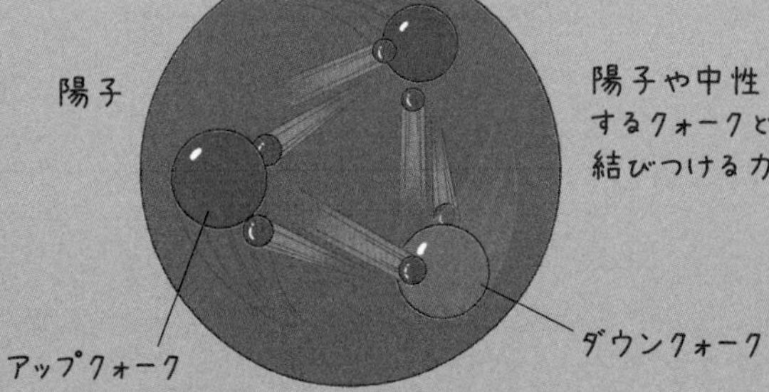

陽子や中性子を構成するクォークどうしを結びつける力。

弱い力

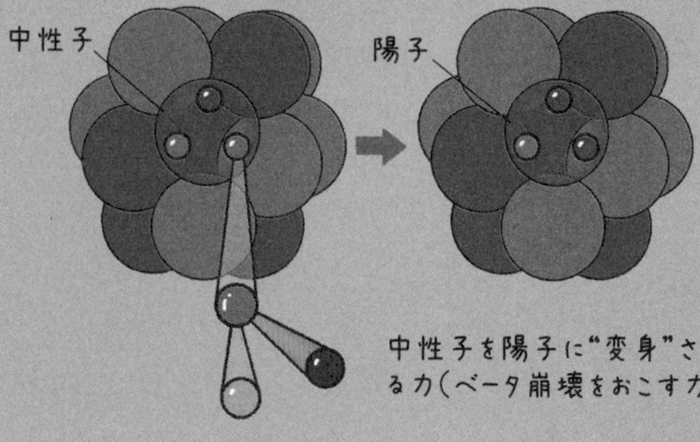

中性子を陽子に“変身”させる力(ベータ崩壊をおこす力)。

電磁気力

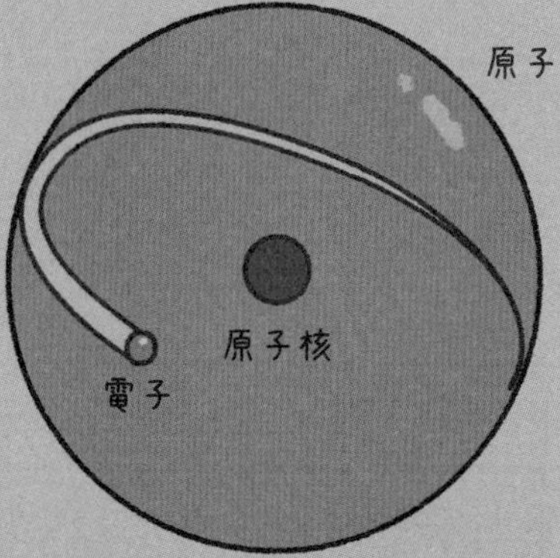

電気や磁気をもつ物質どうしにはたらく力。

だいたいのことは　電磁気力で説明できる

プラスと**マイナス**の電気が引き合ったり，磁石のN極どうしが反発し合ったりするときの力ですね？
でも，日常的な動作で生じる力には，電気も磁気も関係ない気がするんですけど。

では，例として，照明などのスイッチを押す力を考えてみましょう。

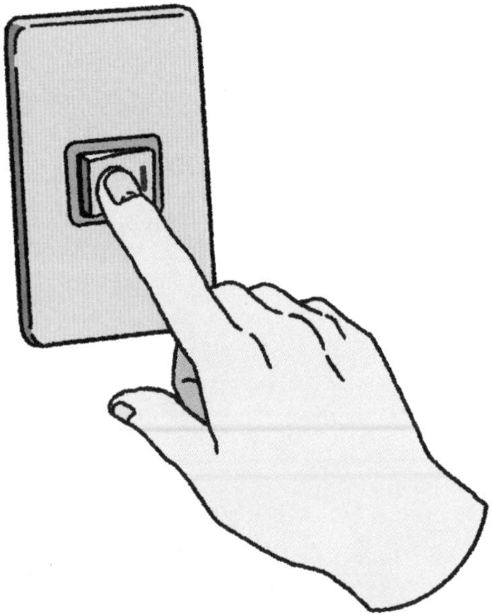

スイッチを押すときの力？
ポチっとする，あれですか？

はい。スイッチの表面と指の表面を，**原子レベルまで拡大**して考えてみてください……。指とスイッチの表面をめちゃくちゃ拡大すると，**原子**が並んでいるのが見えますよ……。

う～む。

原子は，中心に**プラス**の電気をおびた**原子核**があり，その周囲を**マイナス**の電気をおびた**電子**がまわっています……。

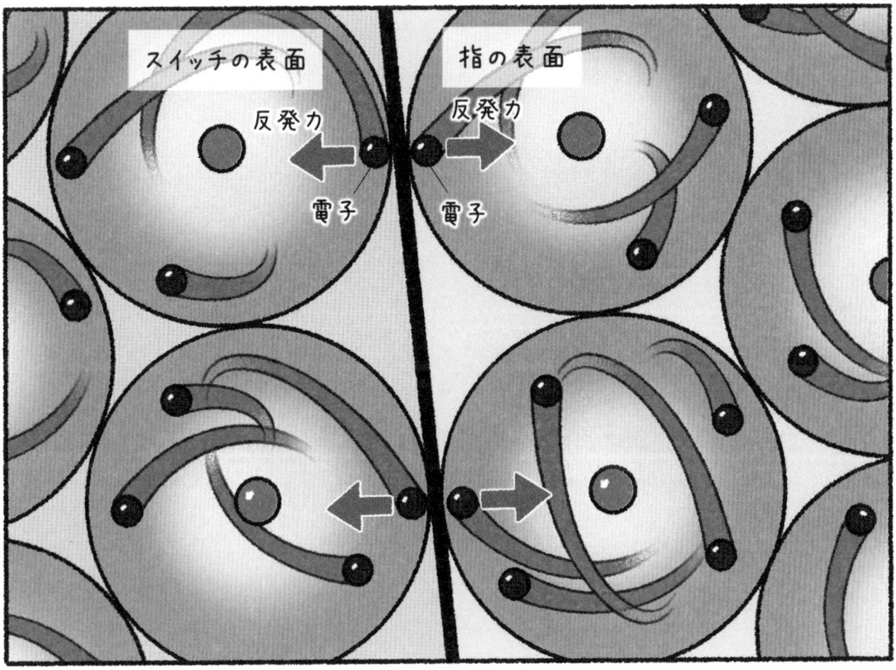

あっ，1時間目で習いましたね！

はい。原子は全体としては電気的に**中性**なので，指とスイッチがはなれていれば，何もおこりません。
でも，**十分に近づくと，電子どうしが近づいて，電気的な反発力がはたらくようになるんです。この力こそ，指がスイッチを押す力の正体なわけです。**

電子どうしが反発！
今まで何気なくスイッチを押していましたけど，原子レベルではそんなことがおきているんですねえ……。

そうなんですよ。
私たちが普段経験していることはほとんどすべて，元をたどれば電磁気力に行き着くんです。

ま～……ったく，知りませんでした！

そうでしょう。
もともと，**電気の力**と**磁気の力**は，それぞれちがうものだと思われていました。しかし，**イギリスの物理学者，ジェームズ・マクスウェルが，電気の力と磁気の力が本質的に同じものだと見抜いたんです。**

ジェームズ・マクスウェル
（1831~1879）

電気の力と磁気の力

静電気の力は，近い距離にあるものほど大きくはたらく。
また，磁気の力も同じように近いほど大きくなる。

静電気力のイメージ

電荷の間の距離が近いほど，
大きな静電気力がはたらく。

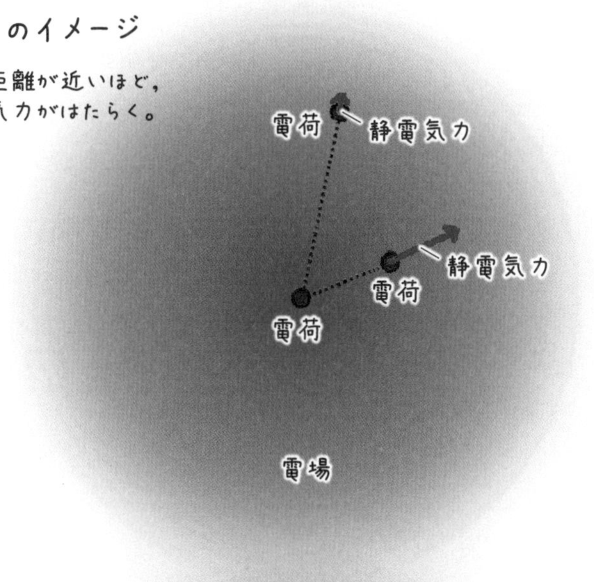

磁気力のイメージ

中央のN極の近くにあるS極ほど，大きな磁気力を受ける。

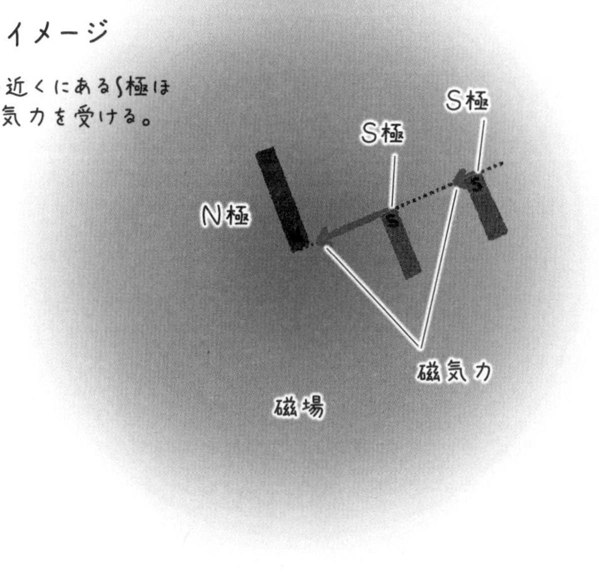

磁石の力と電気の力は，同じものなんですね〜。

物理学というのは，こんなふうに，さまざまな現象を少ない決まりごとや法則で説明しようとすることで発展してきました。そうして，**自然界のあらゆる現象を説明するためにたどりついたのが，先ほど説明した四つの力，というわけなんです。**

なるほど〜。

自然界がたった四つの力で説明できてしまうということは，とてもすごいことです。このおどろくべき事実は，物理学者の長い研究の成果なのです。

素粒子のキャッチボールで力が生まれる

ところで，はなれた磁石や電子が反発し合うように，遠くにあるもの同士になぜ電磁気力がはたらくのか，不思議に思ったことはないですか？

小さいころ，磁石に力がはたらくのが，とても不思議でした。

そうでしょう！
ここで登場するのが，**力を伝える素粒子**なんです。**素粒子物理学の世界では，なんと，力は素粒子が行ったり来たりすることではたらくと考えられているんです。**

素粒子が行ったり来たり!?

たとえば，電磁気力は，力を伝える素粒子の一つである**光子**が伝えると考えられています。

光子って，1時間目にも出てきましたよね。
光の正体の。

そうです。その光子です。
たとえば，**電子はつねに光の素粒子である光子を吸ったり吐いたりしています。**

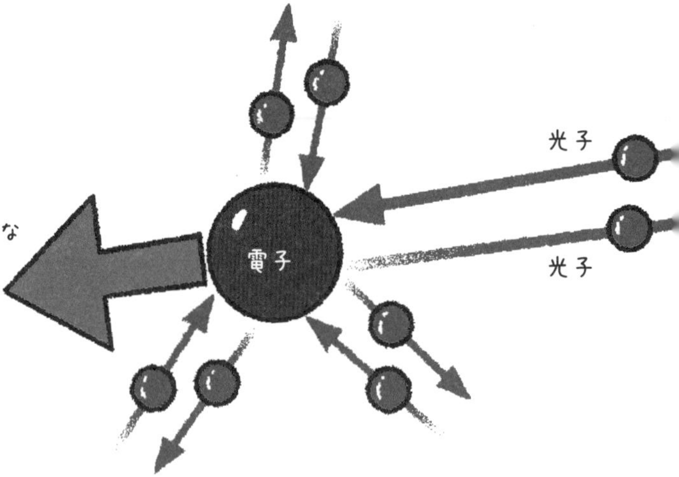

吸ったり吐いたり～!?

ええ。そして，**ある電子が放出した光子を別の電子が吸収すると，電子どうしに反発力が生じます。**
このように，光子が電磁気力を伝えているのです。
超ひも理論で考えると，ひもが力を伝えているということになります。

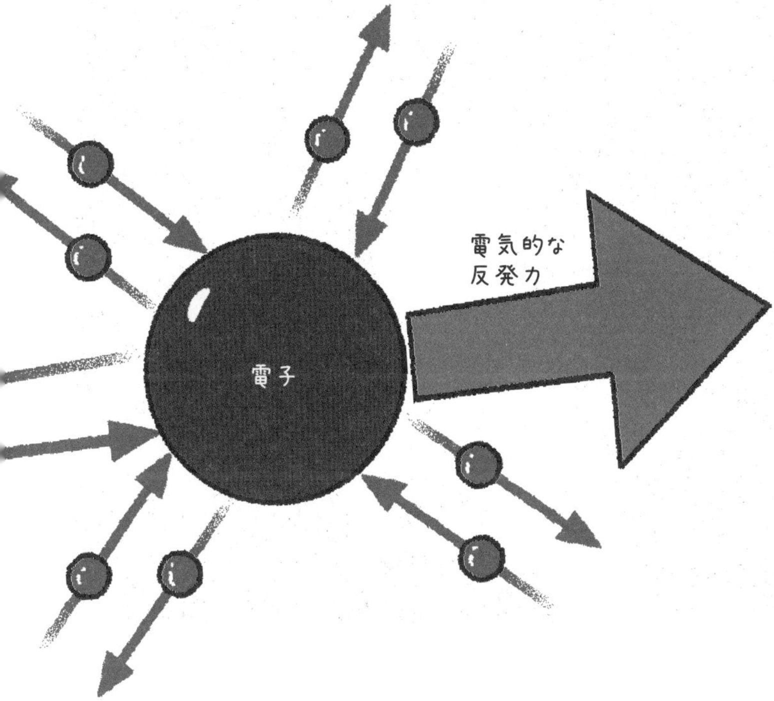

うわ〜，信じられない……。

磁石もそうですか？

はい。磁石も同じです。
磁石のN極やS極からは，たくさんの光子が出ています。この光子が別の磁石のN極やS極に吸収されると，引きつけ合う力や，反発する力が発生するのです。

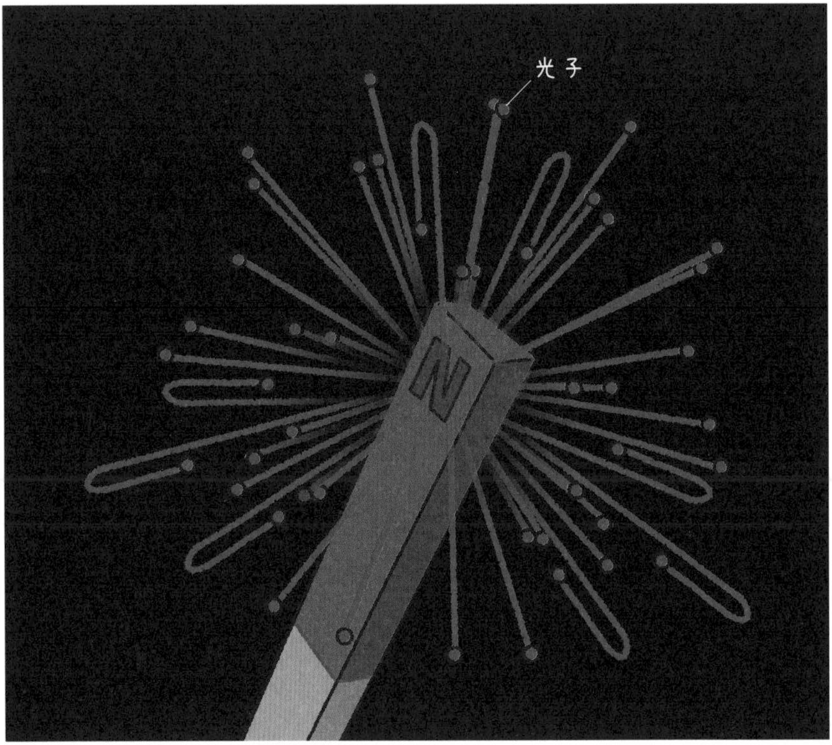

光子のやりとりで力が生じているなんて……。
不思議すぎて，現実味がないですね。

そうですよね。
原理的には完全に一緒ではありませんが，次のような例で考えることができます。
氷の上に，スケート靴を履いた二人の人がいます。右の人が，左の人へボールを投げました！

ポーンと。

すると，右の人は，ボールから反作用を受けるため，ボールと逆の，右側に動きます。一方左の人は，ボールに押されるので，左側に動きます。つまり，**ボールの受け渡しによって，二人の間に反発力がはたらいたとみなせるわけです。（次のページのイラスト参照）**

右の人はボールから反作用を受けるため，
ボールと逆の，右側に動く。
一方左の人は，ボールに押されるので，左側に動く。

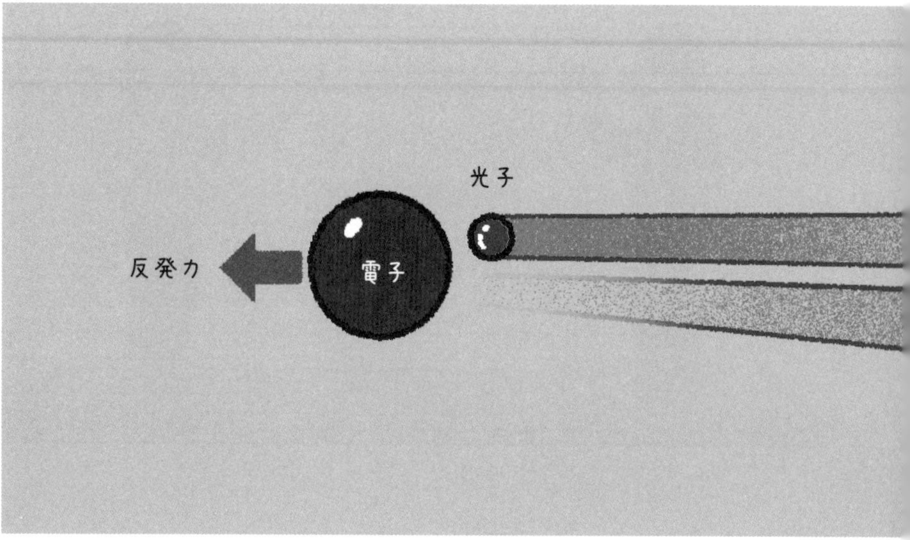

右の人は，ブーメランを投げると，その反作用を受けるため，ブーメランと逆の，左側に動く。一方左の人は，ブーメランに押されるので，右側に動く。

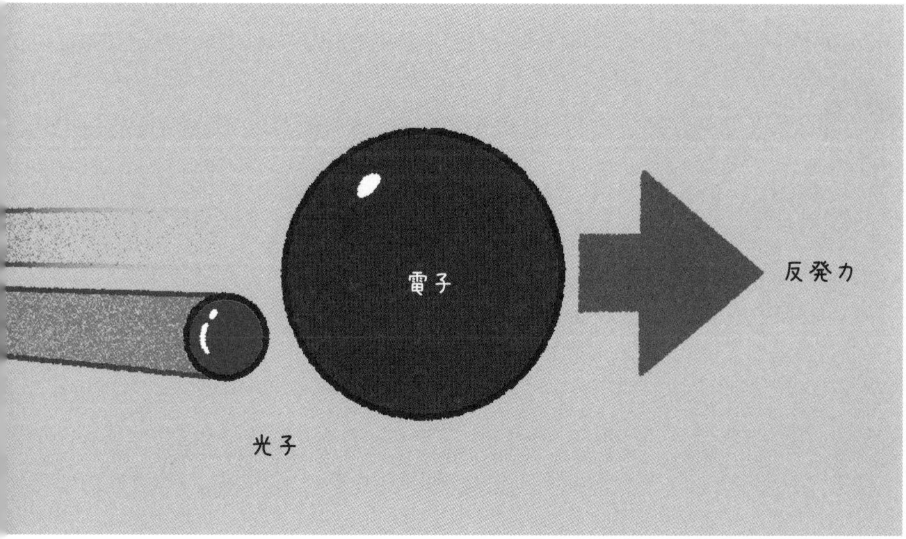

ふむふむ。

この例と同じように，**反発し合う電子の間でも，光子を受け渡すことで，力をおよぼし合うとみなせるわけです。**

なるほど……。

力には，反発力だけじゃなくて，引きつけ合う力である引力もありますよね。
引力も素粒子の受け渡しではたらくわけなんですね。

あくまで考え方のイメージですが，前ページのイラストのように，ブーメランの受け渡しで考えるといいですよ。右の人は，ブーメランを投げると，その反作用を受けるため，ブーメランと逆の，左側に動きます。一方左の人は，ブーメランに押されるので，右側に動きます。つまり，**ブーメランの受け渡しによって，二人の間に引力がはたらいたように見えるわけです。**

すっごくイメージしやすくなりました！

ミクロな世界で顔を出す強い力

自然界を支配する四つの力の中の，**電磁気力**についてはわかりました。そして**重力**は，地球が物を引きつけるような力ですよね。この二つは聞いたことがあります。でも，残りの「**強い力**」と「**弱い力**」って何なんでしょうか？　ここだけずいぶん抽象的ですけど。

強い力や弱い力は，原子核レベルのミクロな世界ではじめて顔を出す力です。**電磁気力よりも強い力を「強い力」，電磁気力よりも弱い力を「弱い力」というんです。**

そのまんま！
いったいどんな力なんでしょうか？

まずは**強い力**について説明しましょう。
強い力とは，原子核の陽子，中性子をつくりあげている力です。

陽子や中性子をつくりあげている？

ええ。たとえば，陽子は**三つの素粒子**でできていると，1時間目に説明しましたね。

1時間目にもどって確認してきます！
……えーっと，**アップクォークふたつ**と，**ダウンクォークひとつ**でできていました。

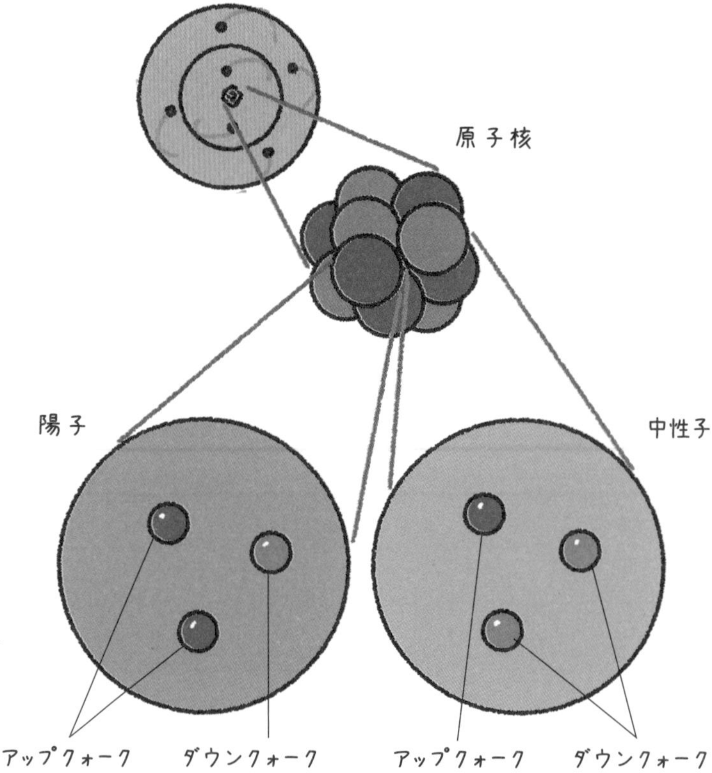

その通りです。
このうち，アップクォークは $+\frac{2}{3}$ の電気をおびていて，ダウンクォークは $-\frac{1}{3}$ の電気をおびています。
これらの間には電磁気力もはたらきますが，**これら三つのクォークを結びつけておくには，電磁気力だけでは足りないんです。**

力が足りない？

そうです。
三つのクォークを結びつけている力こそ，電磁気力の100倍も強い，「強い力」なんです。

クォークを結びつける，強い力！

もしかして，この強い力も電磁気力と同じように，素粒子の受け渡しによってはたらくんですか？

おーっ，さえてますね！

その通りです。強い力は，**グルーオン**という素粒子によって伝えられます。グルーオンは，のりを意味する英語**glue**から名付けられました。

陽子

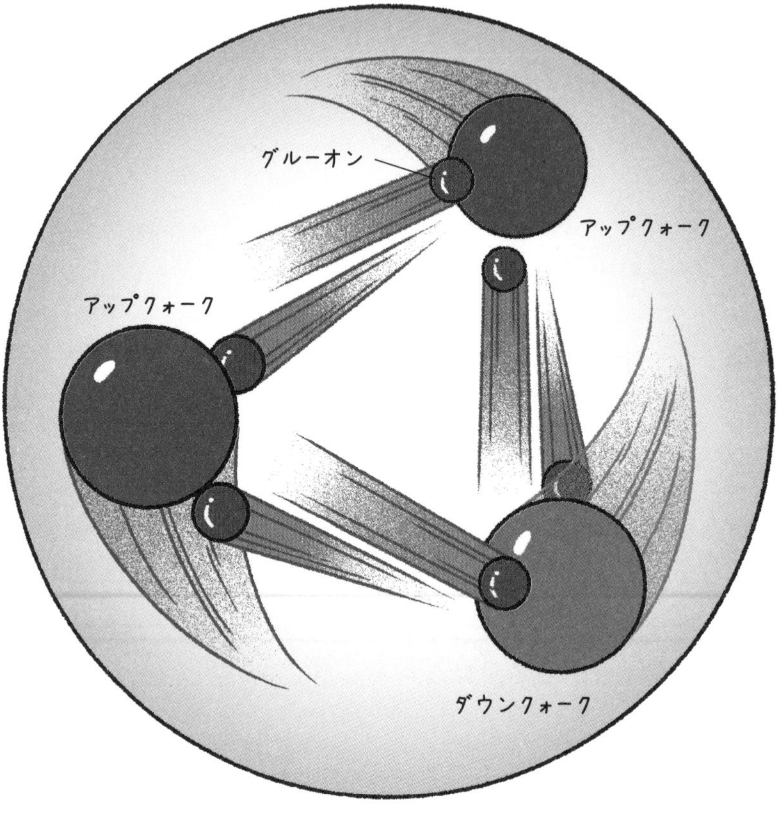

陽子や中性子の中のアップォークやダウンクォークの間では，グルーオンが行き来していて，それによって，のりのように，三者を結びつける強い力がはたらくと考えられています。

素粒子のキャッチボールで，**のり**みたいに引きつけ合う……。自分が力に対して持っている感覚とかけはなれているなあ。

ふふふ，そうかもしれませんね。
素粒子の世界では，一般的な感覚からは考えられない，**不思議な現象**が多々おきうるんです。

びっくりしっぱなしです。

ところで，陽子や中性子をつくるアップクォークやダウンクォーク1個の質量は，陽子や中性子1個の質量のおよそ**1000分の1～数百分の1**です。
なので，三つのクォークを足したところで，陽子や中性子の質量には，ぜんぜん足りません。

えっ，じゃあ，残りの質量は？

それが，**強い力からくるエネルギー**です。

強い力のエネルギー？

はい。STEP1で，「$E = mc^2$」つまり，質量とエネルギーは本質的に同じものだという話をしましたよね。陽子や中性子の質量の大部分は，強い力に由来するエネルギーからきているんです。
さらに原子を構成する要素のうち，電子はとても軽いため，原子の質量のほとんどは，原子核を構成している陽子と中性子の質量です。

あんまりピンと来ませんが……。

たとえば体重が50キログラムの人がいたとすると，その0.5キログラムがクォークの質量で，残りのおよそ49.5キログラムが，強い力からくるエネルギーを源にした質量ということになりますね。

ひぇー！ 体重のほとんどは，強い力のエネルギーなのか！　新しいダイエットのヒントになりそうですね！

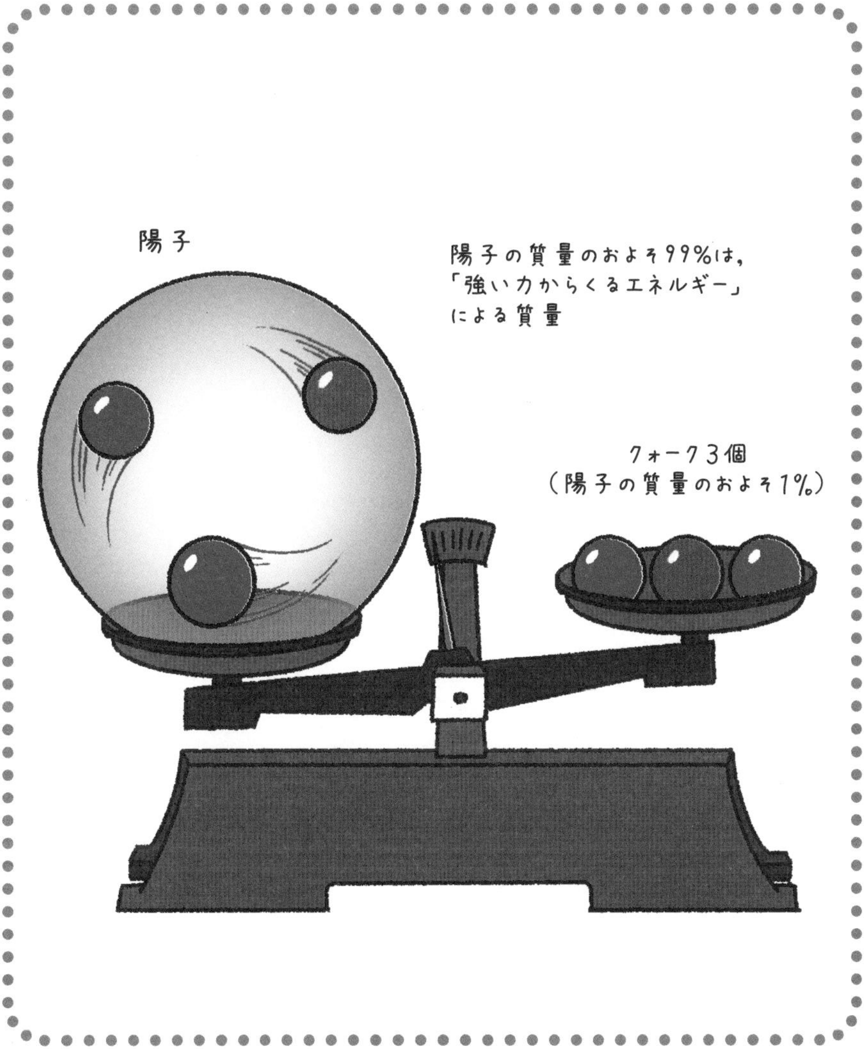
陽子
陽子の質量のおよそ99%は，
「強い力からくるエネルギー」
による質量
クォーク3個
（陽子の質量のおよそ1%）

ハハ，どうですかね。
それから，くわしい説明は省略しますが，原子核の中で陽子と中性子を結びつけているのも，強い力です。
陽子はプラスの電気をおびていて，中性子は電気をおびていません。電気がプラスとゼロのものを集めても，ばらばらになってしまうはずですよね。それを一つにまとめあげているのも，強い力のおかげなんです。

強い力。頼りになるなぁ……。

原子核を崩壊させる弱い力

クォークを結びつけているのは，強い力！
じゃあ，**弱い力とは何でしょうか？**

弱い力も，強い力と同じように，原子核よりも小さい，ミクロの世界ではたらく力です。
たとえば放射性物質の原子は，原子核が不安定なために，時間が経つと放射線を出して崩壊し，別の原子核に変わってしまうことがあります。これを**ベータ崩壊**といいます。**この，ベータ崩壊を引き起こす力こそ，弱い力なんです。**

ベータほうかい……。

たとえば，**炭素14**という原子の原子核は，弱い力によってベータ崩壊し，**窒素14**に変わります。このとき，次のページのイラストのように，炭素14の中性子の一つが，陽子に変わってしまうんです。
この変化を引きおこしているのが，弱い力というわけです。

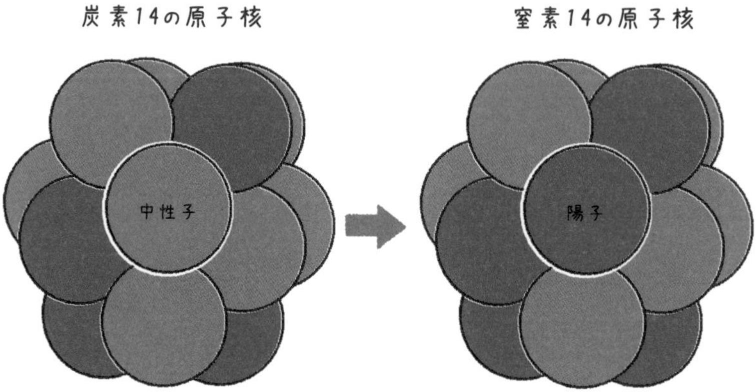

弱い力も，やっぱり**素粒子のキャッチボール**なんですか？

はい，その通りです。弱い力を伝える素粒子は，**ウィークボソン**とよばれます。
炭素14のベータ崩壊を，素粒子レベルで見たのが，次のイラストです。
炭素14の原子核の，中性子の中のダウンクォークの一つが，ウィークボソンを放出するとともに，アップクォークに変化します。そしてウィークボソンは，すぐさま**電子**と**反電子ニュートリノ**に変わります。

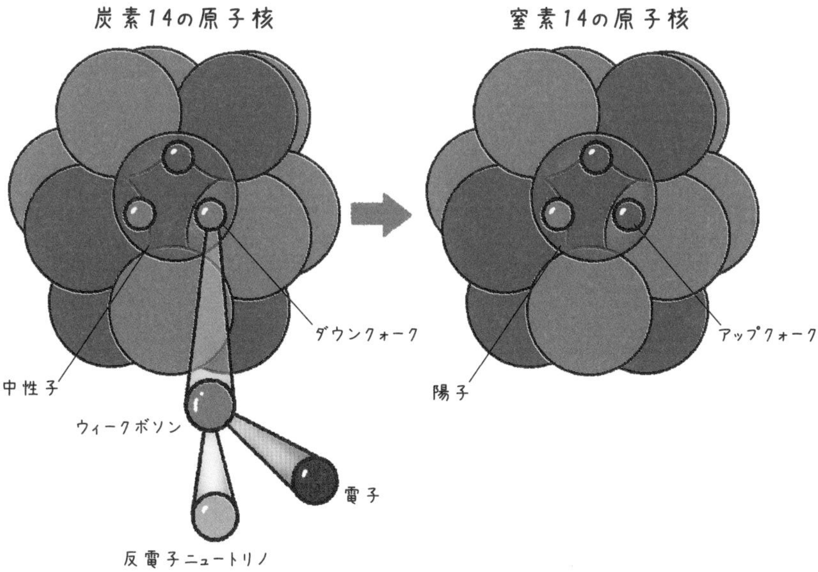

うーん，むずかしいけど，この現象が弱い力，ということなのか……。

「変えてしまう」ってことなのかな。

こんなのも力とよぶのですね。

そうです。高校の物理学では，力とは，物の運動を変えるものだと習います。静止した物を動かしたり，物の動きの向きを変えたりできるものが，力というわけです。

なるほど……。

一方，素粒子物理学では，力は**もっと広い意味**をもっています。**物を引きつけたり遠ざけたり，粒子の種類を変えたりするものも力と言っています。**

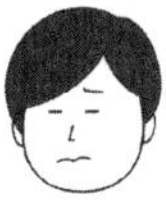

ふーむ。
ところで，弱い力って結局，**原子核レベル**での話ですよね。普段の生活になかなか結びつかないなぁ……。

いや，そうともいえませんよ。
たとえば，温泉や火山を生み出す**地熱**の一部は，地球内部の放射性物質が，弱い力によってベータ崩壊を起こす際に発生する熱エネルギーが源になっています。
それから，太陽の輝きの源である**核融合反応**という反応の一部も，弱い力によってになわれています。

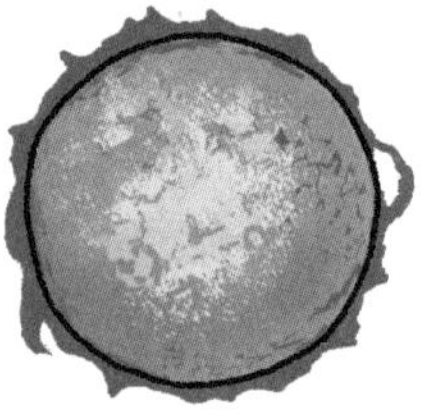

はぁ〜。
原子核レベルの弱い力が，私たちの生活にとんでもなく大きな影響をおよぼしているんですね。

力の正体は，切れたりくっついたりするひも

超ひも理論では，**素粒子はひも**だと考えるんですよね。ここまでに登場した，力を伝える素粒子たちも，すべてひもなんですか？

ええ，もちろん。
力を伝える素粒子も，物質をつくる素粒子も，すべてひもだと考えられます。
光子も，グルーオンも，ウィークボソンもすべて，ひも。
つまり，**力というのはすべて，ひもの受け渡しで説明できるというわけです。**

球として表現

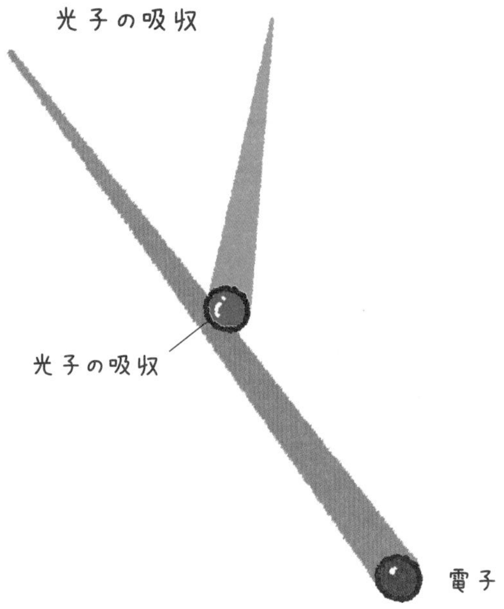

でも，電子の間にはたらく**電磁気力**は，**電子**の間で**光子**の受け渡しをすることではたらくわけですよね。電子もひも，光子もひも。

ひもがひもを吸収するんですか？

いまいちイメージがつかめないですけど…。

では，電子が光子を**吸収**するようすをえがいてみましょう。

イラストの左側は，素粒子を「球」で表現したものです。一方，右側は素粒子を「ひも」で表現したものです。

右側のは，二つのひもが**くっついていますね！**

ひもとして表現

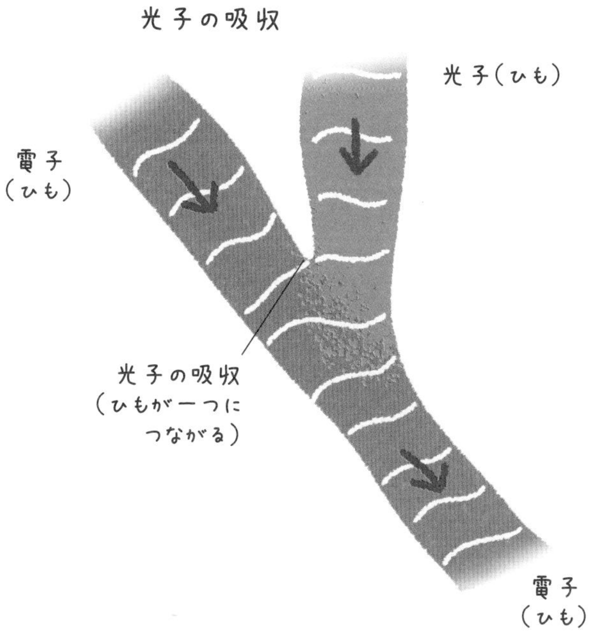

そうなんです。電子が光子を吸収するようすは，二つのひもがくっついて，一つになることで表現できるんです。

そういえば，STEP1で，「ひもはくっつくことができる」っておっしゃっていましたね。

はい。**ひもがくっつくことはすなわち，ある素粒子が別の素粒子に吸収される反応**に対応しているんです。

球として表現

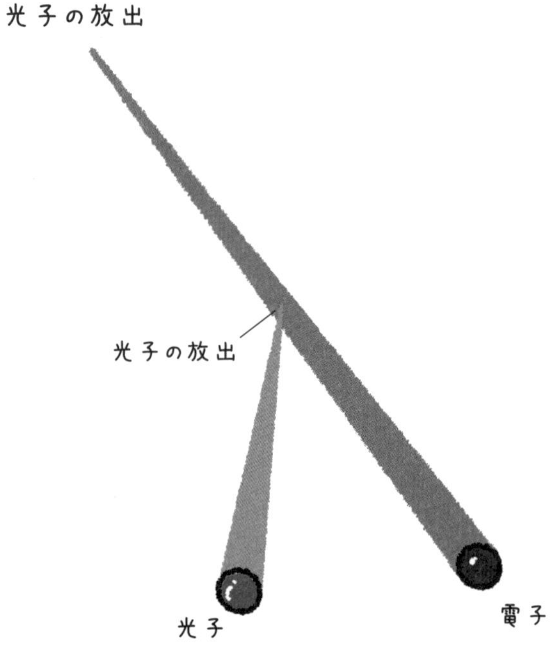

では，逆に**ひもが切れるときは？**

ひもが切れることは，素粒子の放出を意味しています。
電子から光子が放出されるようすを，２種類の表現方法でえがいてみましょう。
先ほどと同じで，イラストの左側は素粒子を「球」として，右側は「ひも」として表現しています。

ひもとして表現

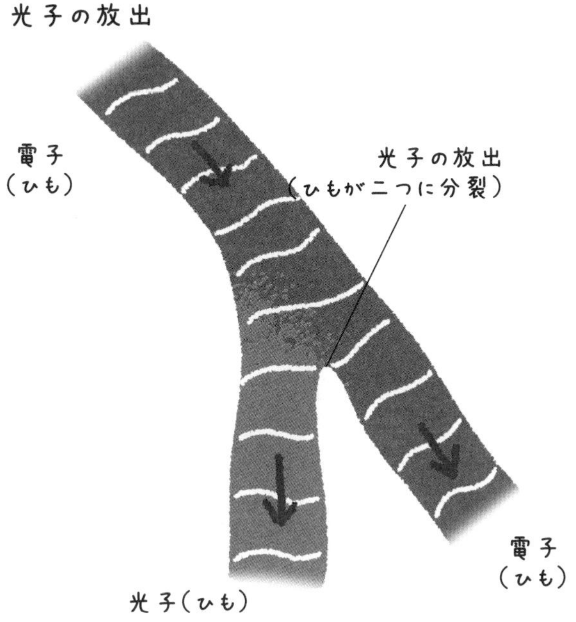

なるほど。ひもが「二つに分裂する」のは，「素粒子が放出されてる」ということなんですね。

はい。**一つのひもが切れて二つに分かれることは，ある素粒子が別の素粒子を放出する反応に対応します。**
今まで見てきたように，力はひもの放出と吸収によって伝えられます。
超ひも理論では，あらゆる力を「ひもの分離と融合」で，統一的に説明することを目指しているわけです。

重力は，輪っか状のひもが伝えているのかもしれない

四つの力のうち，**重力**については，ここまであまりくわしい説明がありませんが，重力もやっぱり，ひものやりとりなんですか？　私も地球と素粒子のキャッチボール，してるのかな。

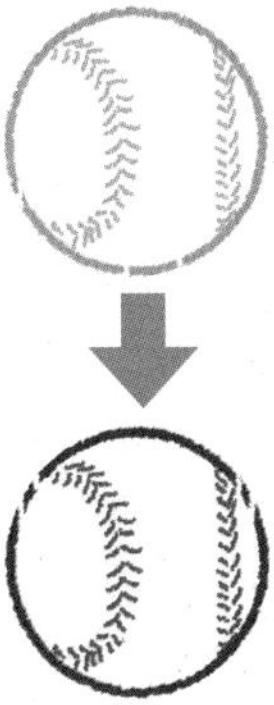

実は重力が，これがまた非常に厄介な存在で……，物理学者たちの悩みの種なんです。

重力が!?　強い力や弱い力にくらべると身近で，わかりやすいように思うんですけど。

それがそうでもないんですよ……。そのあたりの話はまた，4時間目でくわしく取り上げます。

そうなんですね……。

ともかく，重力もほかの力と同じように**素粒子の受け渡し**で伝えられているのではないかと考えられています。

そして，重力を伝える素粒子を，**重力子**といいます。

じゅうりょくし……。

はい。ただ……，
重力子は未発見なんです！

ええ～っ!? 見つかっていない！？

はい……。
というのも，電子や光子など，発見されている17種類の素粒子はすべて，基本的に**開いたひも**であらわされます。
閉じたひもでしかあらわされない素粒子は，まだ発見されていないんです。そして，**重力子も，閉じたひもであらわされると考えられているんです。**

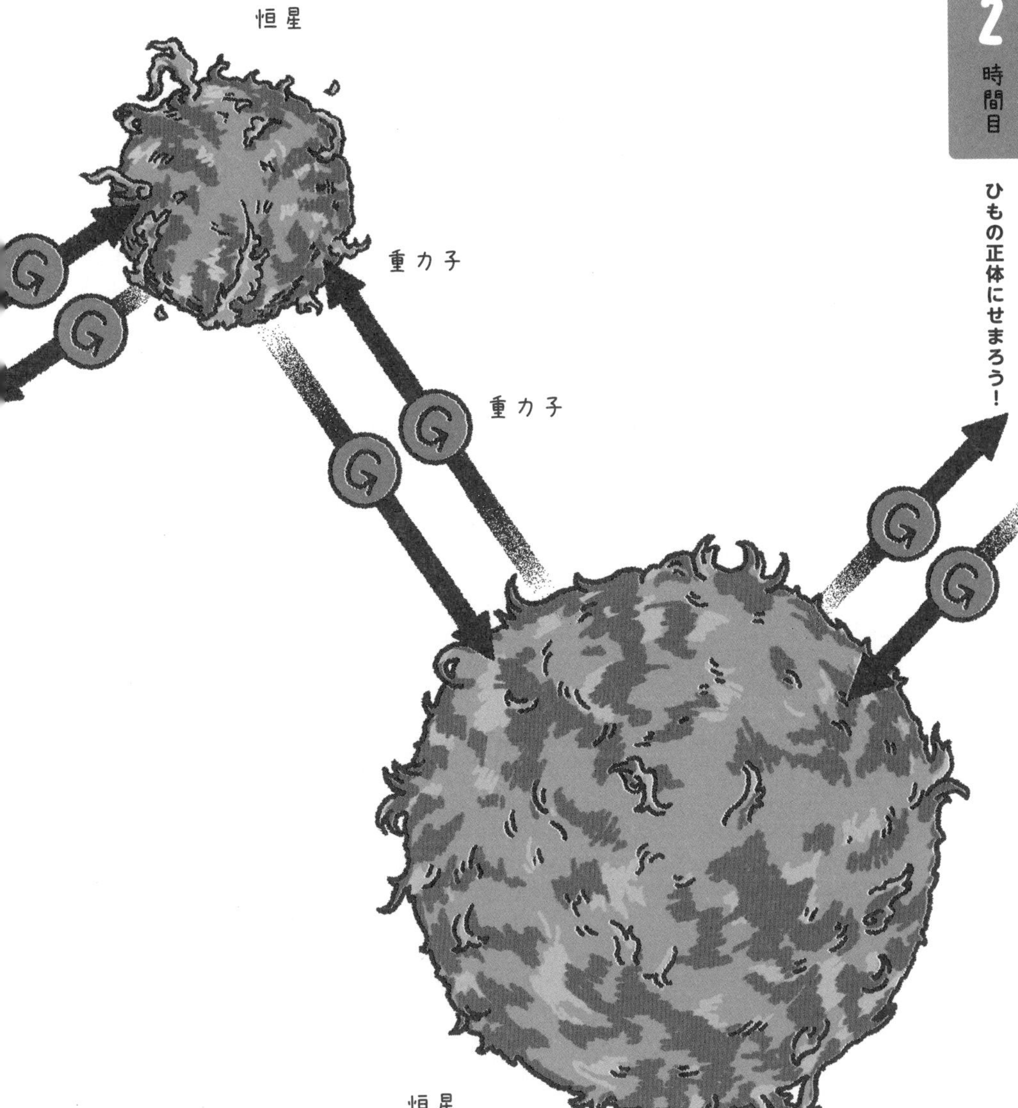
恒星
重力子
重力子
恒星

重力を伝えるのは，存在が確認されていない**輪っか状のひも**か……。ほんとに不思議な世界だなぁ。

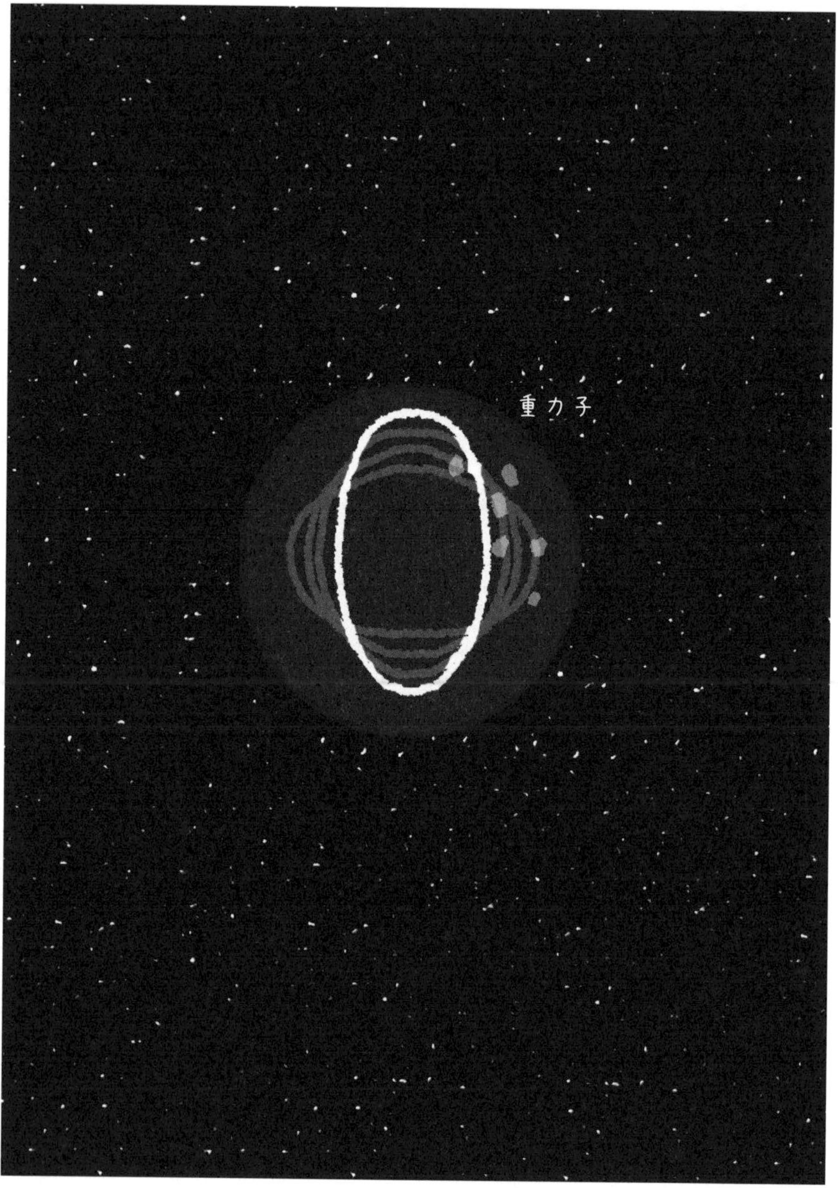

STEP 3

超ひも理論の歴史を知ろう！

物理学は，素粒子を大きさゼロの点とみなして発展してきました。それがなぜ，「点」ではなく「ひも」という不可解なものとして考えられるようになったのでしょうか？

素粒子は点だと考えられていた

先生，あらためてお聞きします。超ひも理論では，なぜ素粒子をひもだと考えるようになったんですか？　どんどん小さくしていって，最終的に大きさゼロの，点みたいになるのはわかるんですけど，点じゃなくひもだなんて，どうしてものみこめないんですよね。

ではここで，なぜ素粒子をひもだとするアイデアが生まれたのか，超ひも理論の生い立ちを紹介しましょう。

ぜひお願いします！

1時間目の最初でもお話ししましたが，物理学では従来，素粒子を大きさをもたない“点”とみなしてきました。
ところが，19世紀後半ごろから，素粒子が大きさをもたない点だとすると，計算をする上で，ある問題が生じることが指摘されていたんです。

ある問題？

ええ。問題が発生するのは，素粒子間にはたらく「力」について考えるときです。たとえば，2時間目のSTEP1でも登場した**電磁気力**。

電気や磁気をおびたものどうしの間ではたらく力ですね。

はい。素粒子の一つである電子は，マイナスの電気をおびているので，周囲にプラスの電気をおびたものがあれば引き合い，逆にマイナスの電気をおびたものがあれば反発し合います。このような力が電磁気力でしたね。

はい。たしかマクスウェルさんによってまとめられたという。

ええ。**この電磁気力は，二つの物体の間の距離が近いほど強くなります。**たとえば，距離が半分になると，力の大きさは4倍になります。

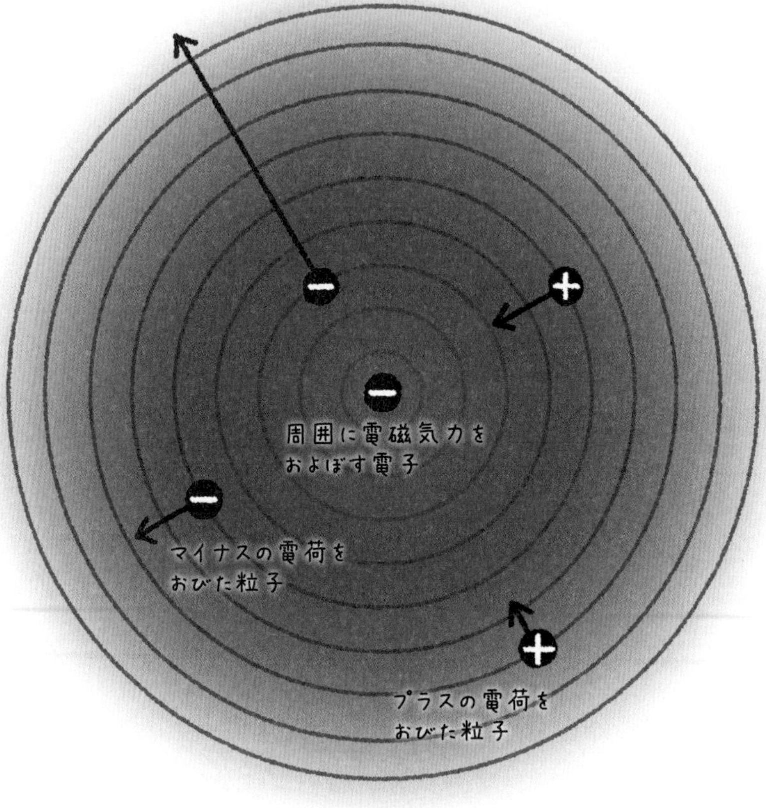
周囲に電磁気力を
およぼす電子
マイナスの電荷を
おびた粒子
プラスの電荷を
おびた粒子

ふむふむ。

そして，ここが重要なのですが，電磁気力は周囲にある物質だけでなく，**なんと電磁気力の発信源である自分自身にもはたらくと考えられるんです。**

自分自身にも？　でもそれに，何か問題が？

何かどころか，それこそ**問題大アリ**なんです。
電子が大きさをもたない点だとすると，電磁気力の発信源である自分自身との距離は**ゼロ**ですよね？

は，はい。

距離ゼロとは，すなわち，力の発生源までの距離が極限まで近づくことになります。
電磁気力は，二つの物体の間の距離が近いほど強くなります。つまり計算上，**電子自身に無限大の強さの電磁気力が生じることになってしまうんです。**

む，無限大の!?

ええ。そして，無限大の電磁気力が加わるとすると，結果的にその電子は，無限大のエネルギーをもつことになります。

無限大のエネルギー！
めっちゃ強そうです。

前にお話しした「$E = mc^2$」によると，エネルギーと質量は本質的に同じものですから，無限大のエネルギーをもつということはすなわち，**電子の質量が無限大ということになってしまうんです！**

電子の質量が無限大！？

でも実際はそんなことはなくて，電子の質量はある値をとります。
電子の質量が無限大だと，重すぎてその場から動けないことになりますよね。私たちの生活に欠かせない電気は，電子が動くことで流れますから，電子が動かなければ，電気がいっさい流れないことになります。でも，現実にはそんなことはおきていませんよね。

素粒子の大きさがゼロと考えると，理論に**矛盾**がおきてしまうんですね。
じゃあ，素粒子の大きさは，ゼロじゃない……？

たしかに，電子を，大きさをもつ“球”だと考えると，このような矛盾は生じません。でも，大きさをもつ球と考えると，また別の矛盾が生じてしまうんです。

うーむ。八方ふさがりですね。

はい。この**無限大の問題**は多くの物理学者を悩ませました。しかしここで，ある物理学者が登場します。
朝永振一郎博士（1906 ～ 1979）です。朝永博士は，素粒子を大きさのない点だと考えても矛盾が生じないようにする計算方法を，1940 年代に提案したんです。それが，**「くりこみ理論」**です。
同様の理論を，リチャード・ファインマン（1918 ～ 1988），ジュリアン・シュウィンガー（1918 ～ 1994）も独立して考えており，3人はこの理論によって，ノーベル物理学賞を受賞しました。

朝永振一郎
（ともなが・しんいちろう：
1906～1979）

くりこみりろん？

ちょっとむずかしいので，エッセンスだけ説明しますね。
先ほどの電子の話では，電子全体の質量は，電磁気力のエネルギーに由来する質量と，電子固有の質量を足し合わせたものと考えることができます。

はい。

そこで，電磁気力のエネルギーが無限大に近づいたときに，電子固有の質量を負の無限大にすることで，**質量を相殺する**，というのが，くりこみ理論の考え方です。
無限大の問題を解決するために，電子固有の質量に負の値を用いたのです。

電子固有の質量を負にして，全体の質量が無限大にならないように調整するわけですか。
無理やりこじつけたみたいですね！

そうですね。
でも，このくりこみ理論は大きな成功をおさめるんです。この理論を使うことで，素粒子を大きさのない点だと考えても計算に矛盾が生じなくなり，素粒子の性質を現実と合うように，うまく説明することができるようになったのです。

“こじつけ”で終わらなかった！

超ひも理論の原型が誕生した！

くりこみ理論の登場によって，素粒子物理学の世界は，素粒子を“点”と考えて，どんどん発展していきます。
一方で，1960年代後半，現在の超ひも理論の原型となるアイデアも生まれます。それが，**南部陽一郎博士**らによる「**ハドロンのひもモデル**」です。

南部 陽一郎
（なんぶ・よういちろう：
1921～2015年）

はどろん？

ハドロンというのは，1960年代にたくさん見つかった粒子のことです。
現在では，**ハドロンの正体は複数の素粒子（クォーク）が結合してできた粒子**であることがわかっています。
たとえば，陽子は3個のクォークが結合してできていますから，ハドロンの1種です。

複数の素粒子の集合体ってことですね。

はい。
ほかにも，中間子という粒子など，たくさんのハドロンが見つかっていました。これらは当時，それ以上分割できない粒子，すなわち，素粒子だと考えられていたんです。

当時はまだ，素粒子は点，という考え方が主流の時ですよね。ハドロンとひもがどう結びつくんでしょうか？

南部博士は，これらのさまざまなハドロンの正体は，1種類の“ひも”であるという理論を提唱したんです。これをハドロンのひもモデルといいます。

南部博士のモデル

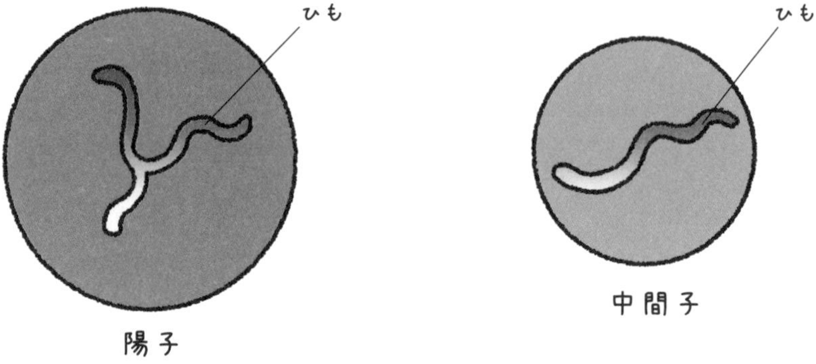

最新のモデル

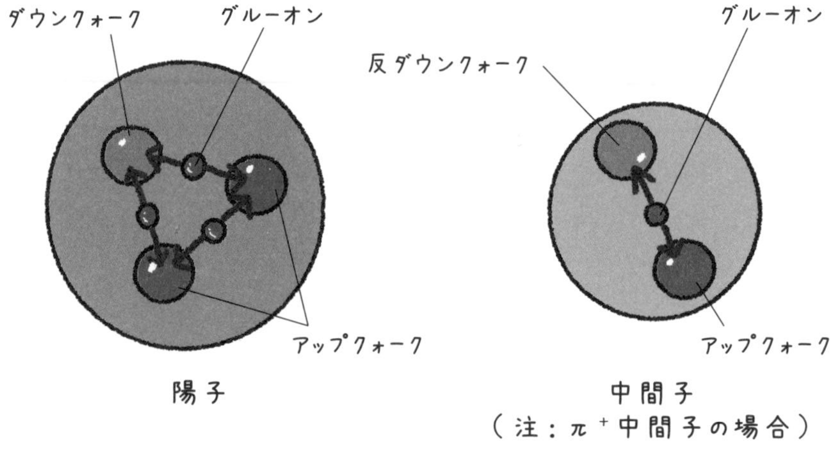

点全盛の時代に「ひもだ」と。

はい。ハドロンを“点”ではなく，長さをもつ“ひも”だと考え，ひもの振動や回転のちがいによって，ことなる種類のハドロンに見える，というアイデアを提案したんです。

超ひも理論の考え方にそっくり！

ええ，この理論は，ハドロンの性質をある程度説明できたため，注目を集めることになります。
でも，その後に，ハドロンが複数の素粒子（当時は点）からできているとする理論「量子色力学」が登場して，これが成功をおさめます。
それにより，粒子をひもだと考えるアイデアを取り入れる研究者は減少し，ひもの研究は衰退していくことになります。

残念……。

そうして，素粒子物理学は，素粒子＝点という前提のもとでどんどん発展していき，1970年代には現在の素粒子物理学の基本的な枠組みができあがります。それが**標準理論**です。標準模型や標準モデルともいわれることがあります。

次の式が標準理論の式です。

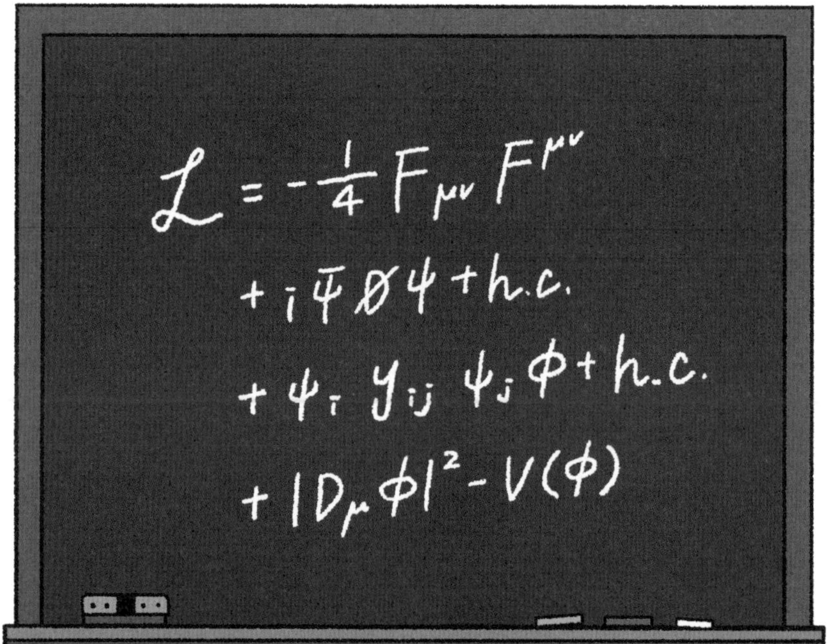

標準理論は，素粒子の性質や実験結果をうまく説明することができたので，自然界の根源的なルールを正しく表現できている理論として，大きな成功をおさめました。

標準理論は素粒子を点だと考える理論なんですね。やっぱり，点の方がわかりやすいですもん！　そしてそれが，物理学の基礎になったんですね。

ところが！　標準理論には**大きな問題**があったんです。

も，問題？

STEP2で，自然界には四つの力があると説明しましたね。

電磁気力，**強い力**，**弱い力**，そして**重力**ですね。

そうです！
このうち，電磁気力，強い力，弱い力の三つについては，標準理論で計算することができます。でも，**標準理論では，どうしても重力を合わせて計算することができないんです。**

重力だけが。

はい。重力にはくりこみ理論がうまく使えず，**どうしても無限大の問題を回避できなかったんです。**
これが今もなお解決できていない，標準理論の大きな問題点です。

第1次超ひも理論革命

1970年代以降にひもの研究がすたれたときも，細々とひもの研究は続いていました。
そして，1974年，素粒子をひもだと考えると，くりこみ理論を使わずとも無限大の問題を回避できることが明らかになり，重力を含む四つの力を同時に取りあつかうことができる可能性が示されました。

ついに！

ええ，このことを発見したのは，**ジョン・シュワルツ博士**，**ジョエル・シャーク博士**，そして**米谷民明博士**です。

点が全盛なのに，諦めずに研究を続けていたんですね！
これで，ひもが主流になっていくんですね！

いえ，このときの理論には，どうしても理論的に整合性がとれない部分が残っていました。
さらに当時は，**標準理論の研究の全盛期**だったため，ひもの理論はさほど注目を集めることはなかったんです……。

前途多難ですね……。

しかし，1984年に転機がおとずれます！
先ほどの**シュワルツ博士**と**マイケル・グリーン博士**によって，それまでのひも理論が抱えていた，無限大の問題などの理論的な欠陥を解消する方法が発見されたのです。

ジョン・ヘンリー・シュワルツ
（1941年～）

この発見により，ひもの理論が「重力を取りあつかうことができる素粒子の理論」として注目をあびることになりました。
この発見により一気に研究がさかんになったため，**第1次超ひも理論革命**とよばれています。

ひも革命ですね！

第2次超ひも理論革命

第１次超ひも理論からおよそ10年後，次の転機がおとずれます。それが1995年に訪れた**第２次超ひも理論革命**です。

また革命！

超ひも理論には，**五つの種類**があると考えられていました。タイプⅠ，タイプⅡA，タイプⅡB，ヘテロティックSO(32)，ヘテロティックE8×E8の五つです。

えっ!?　超ひも理論は五つもあったんですか？
ややこしい……。

ところが！
シュワルツ博士と**エドワード・ウィッテン博士**が，これら五つの理論が別々のものではなく，同じ理論をそれぞれ別の側面から見ているだけだと主張したんです。つまり，五つの理論は本質的には同じだということです。

エドワード・ウィッテン
（1951年～）

おぉ！ 超ひも理論的な主張ですね。

この主張によって，超ひも理論の全体像がおぼろげながらわかってきて，一気に研究が進みました。

それが第2次超ひも理論革命なんですね。

はい。さらにウィッテン博士は，これら五つの理論の上に立つ，真の究極理論があるはずだと考え，その理論を「**M理論**」とよびました。

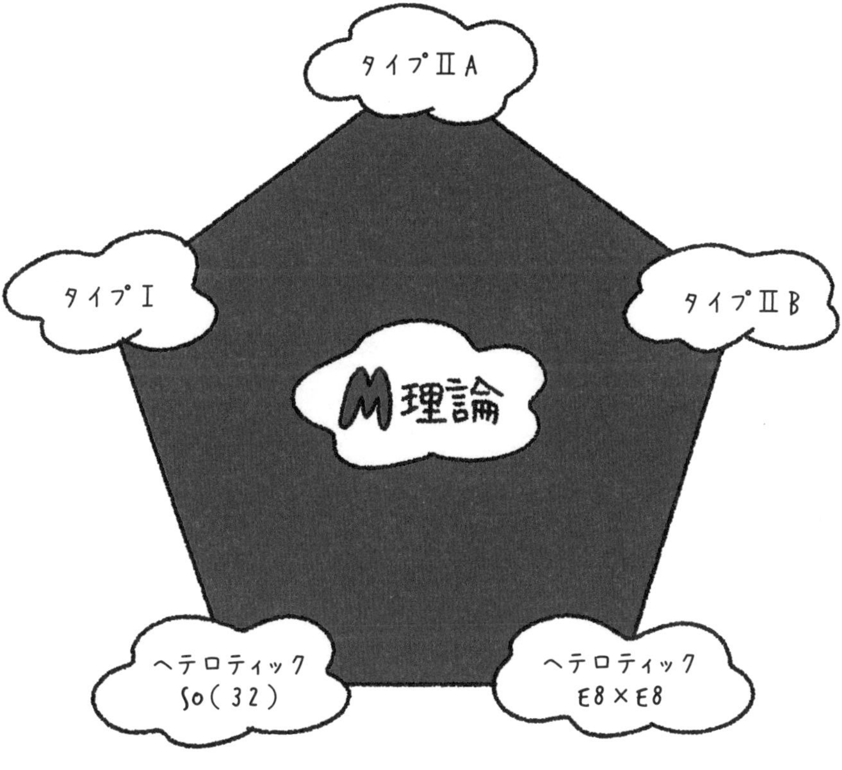

真の究極の理論……。かっこいいっ！

ただし，M理論は，いまだその実体さえはっきりしておらず，真の究極理論になりうるのか，よくわかっていません。
現在では「超ひも理論」という言葉は，5種類の超ひも理論にM理論も加えた，より広い意味で使われています。

超ひも理論には，**長い研究の歴史**があるんですね。まさに物理学者の努力の積み重ねであることがわかりました。そして，いまだ完成していないと。

超ひも理論の「超」は，「超対称性粒子」に由来

ところで，南部博士のひも理論には，超をつけていませんでしたけど，超ひも理論の「**超**」って何なんでしょうか？

それは，「**すごい**」という意味です。

なるほど！
すごいひもの理論，すなわち超ひも理論ってことですね！納得。

んなわけないでしょう。

えっ！？

素粒子をひもだと考える「ひも理論」は，**1970年代後半に「超ひも理論」へと進化しました。**
超ひも理論の超は，**超対称性**の超に由来しているんです。

ちょうたいしょうせい？

はい。素粒子は大きく**ボソン**と**フェルミオン**という二つのグループに分けることができます。
素粒子はある種の自転をしており，その自転のいきおいに相当する量を**スピン**とよびます。**スピンの値が整数になる素粒子はボソンに分類されます。一方，スピンの値が$\frac{1}{2}$，$\frac{3}{2}$のように整数＋$\frac{1}{2}$の素粒子はフェルミオンに分類されます。**
力を伝える素粒子と**万物に質量をあたえる素粒子**は，スピンが整数になるため**ボソン**に分類され，**物質を構成する素粒子**はスピンが$\frac{1}{2}$のため**フェルミオン**に分類されます。

ふむふむ。

従来のひも理論は，ボソンしかあつかえない理論だったんです。
そこに超対称性という考え方を導入したことで，フェルミオンもあつかえる理論へと進化したのです。

ひも理論から**超ひも理論**に進化したことで，あらゆる素粒子があつかえるようになったんですね。

その通りです。
それから，超対称性の考え方によると，既知の素粒子それぞれにパートナーとなる未発見の素粒子が存在することになります。

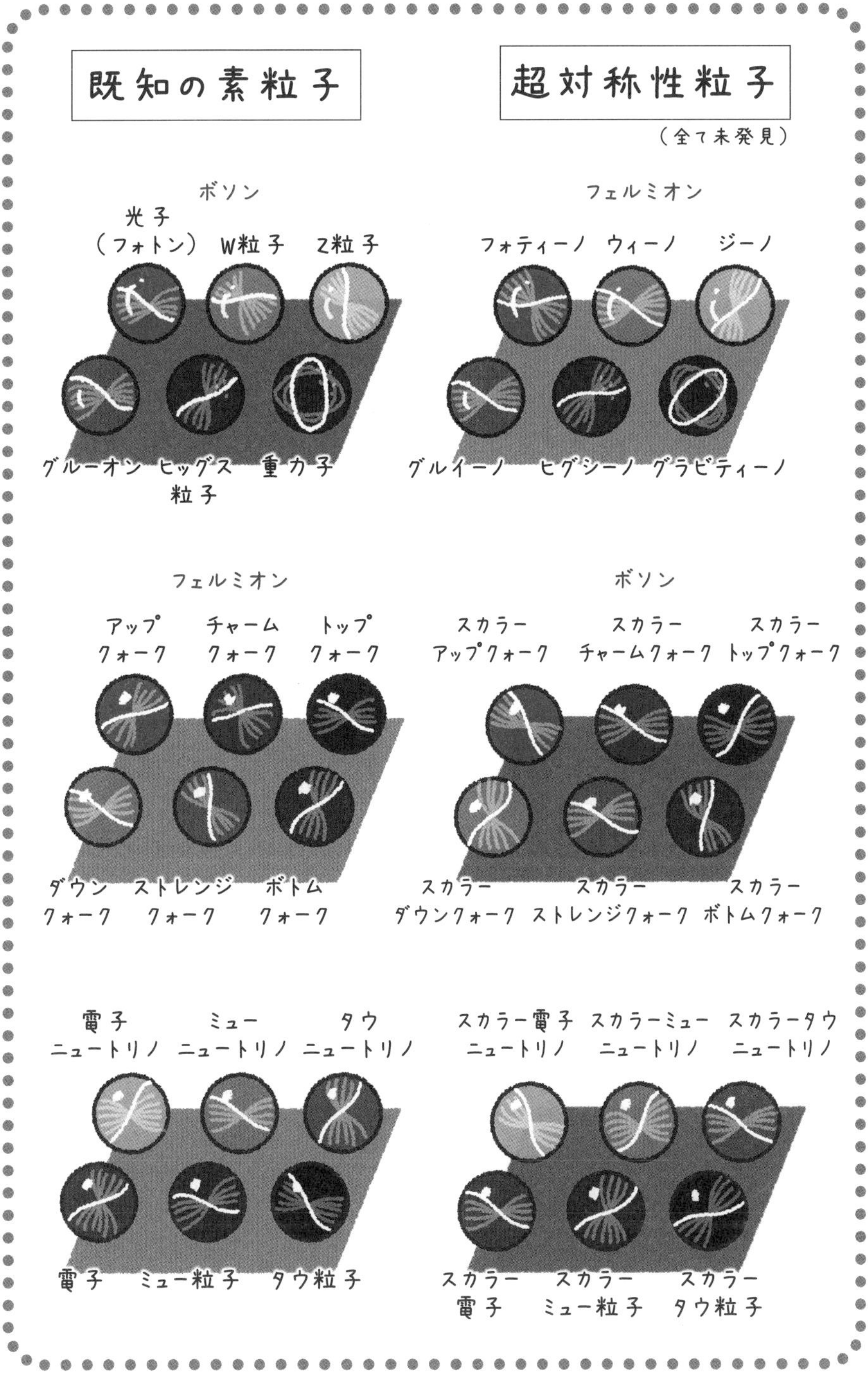
既知の素粒子
超対称性粒子
(全て未発見)
ボソン
光子
(フォトン)
W粒子
Z粒子
グルーオン
ヒッグス
粒子
重力子
フェルミオン
フォティーノ
ウィーノ
ジーノ
グルイーノ
ヒグシーノ
グラビティーノ
フェルミオン
アップ
クォーク
チャーム
クォーク
トップ
クォーク
ダウン
クォーク
ストレンジ
クォーク
ボトム
クォーク
ボソン
スカラー
アップクォーク
スカラー
チャームクォーク
スカラー
トップクォーク
スカラー
ダウンクォーク
スカラー
ストレンジクォーク
スカラー
ボトムクォーク
電子
ニュートリノ
ミュー
ニュートリノ
タウ
ニュートリノ
電子
ミュー粒子
タウ粒子
スカラー電子
ニュートリノ
スカラーミュー
ニュートリノ
スカラータウ
ニュートリノ
スカラー
電子
スカラー
ミュー粒子
スカラー
タウ粒子

1時間目に登場した，**反粒子**みたいなものですか？

考え方としてはとても似ています。ただ，反粒子とはちがうものです。先ほど，素粒子にはボソンとフェルミオンの2種類があると説明しましたね。**超対称性の考え方では，ボソンとフェルミオンの特徴を入れかえた粒子，すなわち超対称性粒子が存在することを予言しています。**

超対称性粒子？

たとえば，ボソンである**光子（フォトン）**には，そのパートナーとして，光子に似ているが，フェルミオンの特徴をもつ粒子**「フォティーノ」**が存在します。

不思議だなあ。じゃあ，今発見されている素粒子の倍の数の素粒子があるんですね！

ただ，**超対称性粒子はまだ一つも見つかっていないんです。**
超対称性粒子は，ヨーロッパ原子核研究機構の大型加速器**LHC**などを使って探索されていますが，まだ発見されていないのです。
超対称性粒子の存在が実験で確認されれば，超ひも理論の研究は**俄然いきおいづく**ことになるでしょうね！

偉人伝❶

量子力学の問題を解決，朝永振一郎

朝永振一郎は，1906年に東京で生まれました。幼少期は体が弱く，病気がちだったようです。

アインシュタインの来日

朝永の中学時代，アインシュタインが来日しました。日本中が大騒ぎで，朝永もこれをきっかけに物理学の研究に大きな興味を抱くことになります。そして，1926年，朝永は京都帝国大学理学部物理学科に入学しました。

ミクロな世界を支配する量子力学の分野を志すものの，当時まだ新しい分野だったため，京都帝国大学には量子力学を教えることのできる先生はいませんでした。そのため，のちにノーベル物理学賞を受賞する湯川秀樹らとともに協力して量子力学を学んでいきました。湯川とは中学，高校，大学とも同期入学・同期卒業でした。湯川と朝永は，ライバルともいえる存在だったようです。

くりこみ理論を発表

大学卒業後の朝永は，3年間無給の副手として大学で研究をつづけます。そして1932年，理化学研究所の研究員に着任しました。理化学研究所の自由闊達な空気の中で朝永は量子力学の研究を進めます。

1937年，朝永は，ドイツのライプツィヒに留学し，量子力学の巨匠，ヴェーナー・ハイゼンベルクの下で研究を行いました。しかし，ヨーロッパで戦争がはじまったため，2年足らずで帰国。帰国後は，東京文理科大学（現・筑波大学）の教授になります。

当時の量子力学は大きな問題を抱えていました。量子力学に基づいた計算を行うと，電子の質量が無限大になる，という現実とは矛盾した結果が得られていたのです。多くの研究者がこの問題の解決に挑みましたが，解決できていませんでした。

朝永は1947年，電磁気力のエネルギーに由来する無限大の質量を，電子固有の質量にくりこむという，「くりこみ理論」を発表します。これによって，量子力学の問題点は解決されることになります。同様の理論を，リチャード・ファイマン，ジュリアン・シュウィンガーも独立して考えており，3人は1965年にノーベル物理学賞を共同受賞しました。

しかし，朝永はスウェーデンで行われたノーベル賞の授賞式を欠席しました。というのも，ノーベル賞のお祝いの際に酩酊してしまい，風呂に入ろうとしたときに転倒して肋骨を6本折ってしまったのです。もともと寒さが苦手だったようで，朝永は「怪我の功名」と振り返っています。

3

時間目

超ひも理論は「9次元空間」を予言する

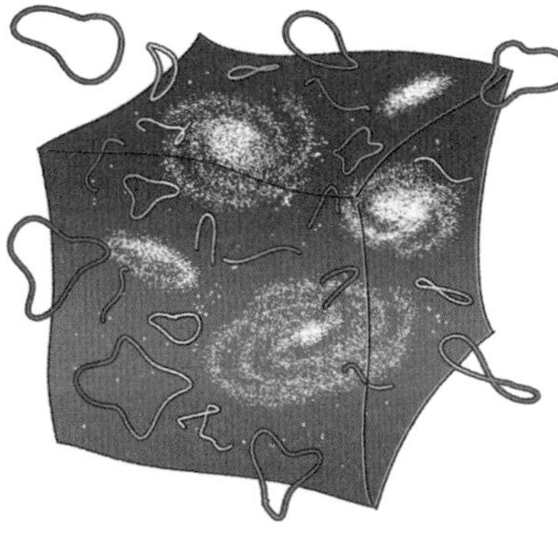

STEP 1

9次元空間の世界

超ひも理論によると，私たちの暮らす世界は，3 次元空間ではなく，9 次元空間だといいます。いったい 3 次元をこえる残りの 6 次元空間はどこに存在しているのでしょうか？

次元って何だろう?

この世界のあらゆる物質の根元を，ひもの振動のちがいだけで説明する──。これが，**超ひも理論が目指すところ**です。
しかし，実はこの理論が成り立つためには，私たちの住むこの世界が，ある特別な条件を満たしている必要があります。

特別な条件？

それは，「この世界が9次元空間である」という条件です。

9次元空間！?
この世界は3次元空間じゃないんですか!?

ここからは超ひも理論が予言する9次元空間についてお話ししましょう。そもそも**次元**って，何かわかりますか？

よく使うわりには，あまり深く考えたことはないかもしれません。

次元とは，空間などの広がり具合を示したものです。簡単にいえば**「動ける方向」の数（直交する方向の数）のことです。**

動ける方向の数？

はい。たとえば「**直線**」は，前後の1方向にだけ動けるので，**1次元**です。

1次元の「直線」

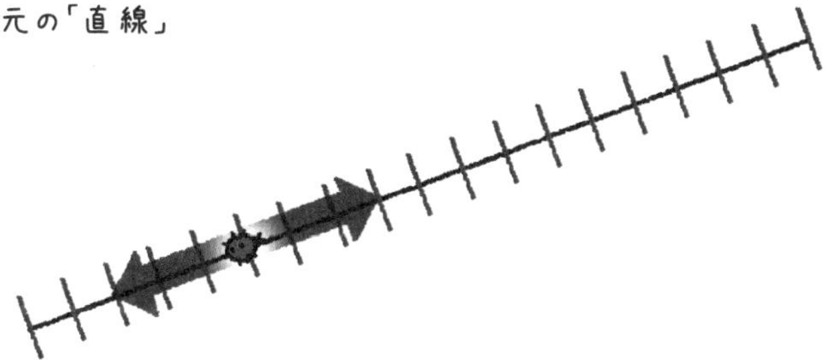

ふむふむ。

次に「**面**」です。面の上では，前後だけでなく，左右にも動けます。2方向に動けるから，**2次元**です。平面でも球面でも，どちらも動ける方向は二つですから，2次元になります。

面が平らであろうと，曲がっていようと，どちらも動ける方向は2方向ですね。

2次元の「球面」

2次元の「平面」

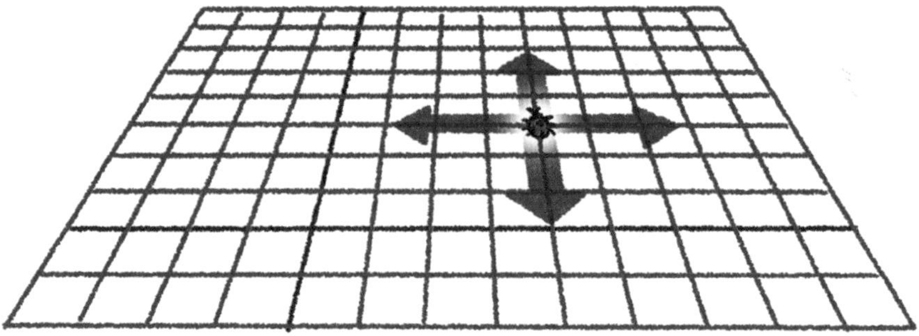

ええ。
そして私たちの暮らす「**空間**」です。空間の中では縦・横・高さの3方向に動くことができるので，**3次元**です。つまり私たちは，3次元空間の中に暮らしているというわけです。

なるほど！ 次元については，整理できました。

3次元の「空間」

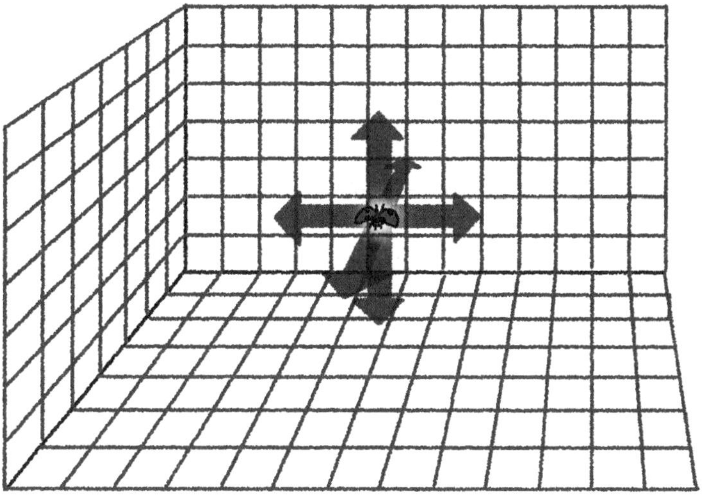

この3次元空間に時間の1次元を足して，私たちは「4次元時空」に住んでいる，ともいわれます。

ひもは9次元空間で振動する

この世界は，3次元空間なわけですよね。
超ひも理論が**9次元空間を予言**するとはどういうことなんですか？

この世界はだれにとっても3次元空間のように思われますよね。でも，超ひも理論を研究していくと，3次元空間では理論が破綻してしまうことがわかったんです。

理論が破綻!?　なぜでしょう？

9次元空間以外で超ひも理論を考えると，どうしても計算のつじつまが合わなくなってしまうんです。
明らかに変な結果が出てくるので，3次元空間などでは超ひも理論の構成自体に矛盾があると考えます。

だから超ひも理論が正しいとすると，この世界が9次元空間だということですか？

はい。そういうことです。
たとえば9次元空間を考えると，ひもの振動のバリエーションはもっと増えることになります。

振動のバリエーションが増える，とはどういうことでしょうか？

はい。2次元の世界でひもの振動を考えてみると，ひもはある面内でしか振動できません。

2次元の世界（面の世界）

平面に閉じ込められていますね。

はい。ひもの振動方向は面内にかぎられます。
しかし，3次元の世界なら，ひもは縦横にも斜めにも振動でき，2次元世界のひもより振動のバリエーションが増します。

3次元の世界（空間の世界）

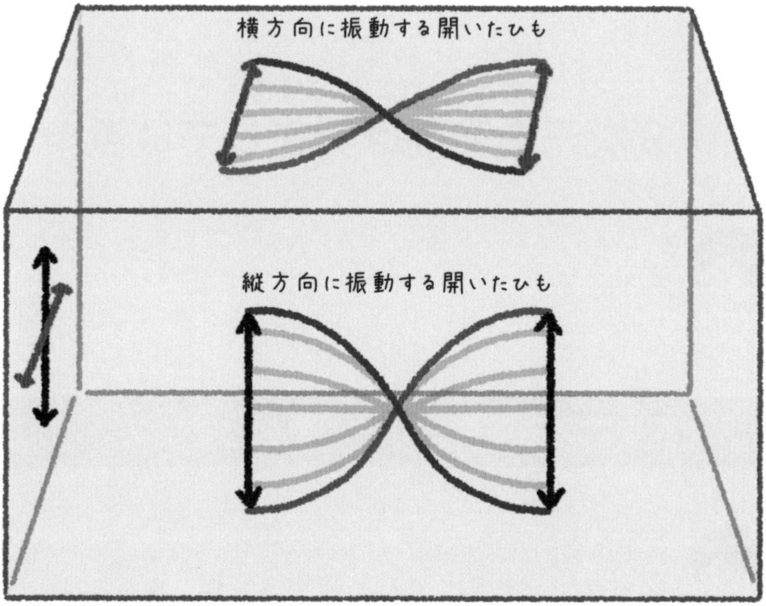

3次元の方が，いろんな方向に振動できるんですね。

ええ。このように空間の次元の数が多いほど，ひもはいろんな方向に振動できるようになるわけです。つまり，多くの振動状態をとることができるんです。
そして，**ひもの振動状態で現実の素粒子をきちんと表現するには，もっと高次元の空間が必要だったわけです。**

それが，9次元！

9次元って一体どんな空間なんだ〜？

でも，この世界は3次元空間なわけですよね。

そもそも超ひも理論が，まちがっているのでは!?

いいえ，物理学者たちはそうは考えていません。**9次元の空間は実在している**と考えているのです。

どひゃー！

3次元をこえる空間は小さく丸まっている

9次元空間が実在しているとは……。

どう見ても私たちが住む世界は，縦・横・高さをもつ3次元空間としか思えません。

9次元空間なんて，どこにあるんですか？

あまりにも突飛すぎて，戸惑うのも仕方ないかもしれませんね。

まるでSFです。

3次元をこえる残りの6次元の空間は「小さく丸まってかくれている」。物理学者たちはそう考えています。

小さく丸まってる!?（かわいい……）

このように3次元をこえる次元を**余剰次元**といいます。

よじょうじげん……。小さく丸まっている？　いったいどういうことですか？

たとえば，床に敷かれたカーペットを考えてみましょう。私たち**人間**は，カーペットの上を，縦・横の2方向にしか移動できません。だから，カーペットの上は2次元だといえます。

はい。

一方，今度は小さな**ノミ**を考えます。
ノミは，縦と横の2方向のほかに，丸まった糸の方向にも動くことができます。
つまり，ノミにとっては，カーペットは3次元だということができるんです。

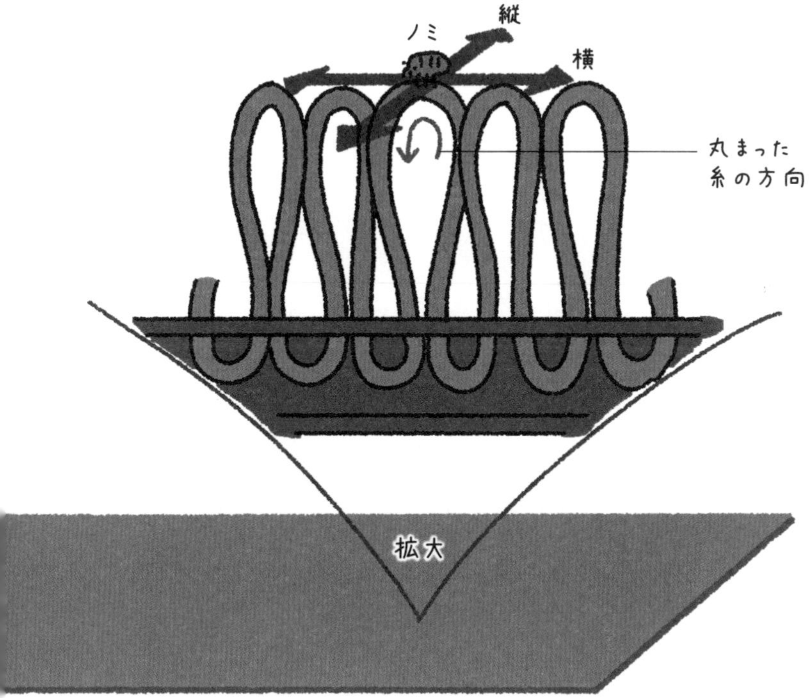

なるほど〜。**おもしろい！**

この丸まった糸の方向が，超ひも理論の「**かくれた次元**」に相当します。
丸まった糸の方向は，カーペットのあらゆる場所にかくれています。これと同じように，**私たちが知る3次元空間には，非常に小さい余剰次元の空間がかくれているのかもしれないのです。**

2次元の世界

ふぅむ。

大きな目で見ると気づけないけど，小さな目で見ると別の次元が見えてくる，ということですか？

まさにそういうことです！

超ひも理論で考える余剰次元もこれと同じ考え方です。次のイラストは，2次元を小さく1次元に丸めたイメージをえがいたものです。

2次元の平面を丸めて小さくしていくと，ついには，1次元の線になります。
超ひも理論では，同様に六つの次元が小さく丸まって，私たちの住む世界にかくれていると予言しているんです。

不思議！ かくれた次元は私たちの目で見たり，感じとったりできないんですか？

丸まった次元のサイズは，はっきりとはしていないものの，ひもと同じくらいのサイズだと考えられています。
あまりに小さいため，私たちには見たり感じたりすることはできないのです。

そんな小さな次元，この世界のどこにかくれているんでしょう？

超ひも理論が予言している9次元の空間は，どこか別の世界の話ではありません。この世界のあらゆるところに，小さく丸まった6次元空間がくっついていることになります。つまり，あなたの目の前に，見えはしませんが，9次元空間が広がっていることを意味しているんです。

9次元空間が広がっている…!?
突飛すぎて，どうしてもイメージをえがくことができません……。

私たちは3次元空間の住人なので，4次元以上の空間を，絵として思いえがくことは不可能なんです。
そこで物理学者たちは，**数学**を駆使することで，4次元以上の空間について考えているんですね。

絵としてえがけないことを，数学を使って考えるなんて，おもしろいです。

はい。この，3次元をこえる余剰次元を小さく丸めるという数学的な手法は「**コンパクト化**」とよばれています。
考案したのは，数学者の**テオドール・カルツァ**（1885〜1954）と物理学者の**オスカル・クライン**（1894〜1977）です。
この手法は1920年代に提案され，その後，1980年代に発展を遂げた超ひも理論のなかに受け継がれていくことになったのです。

テオドール・カルツァ
（1885~1954）

オスカル・クライン
（1894~1977）

かくれた6次元はどんな形？

ここで，超ひも理論の研究で示された，**かくれた6次元の空間の姿**を紹介しておきましょう。

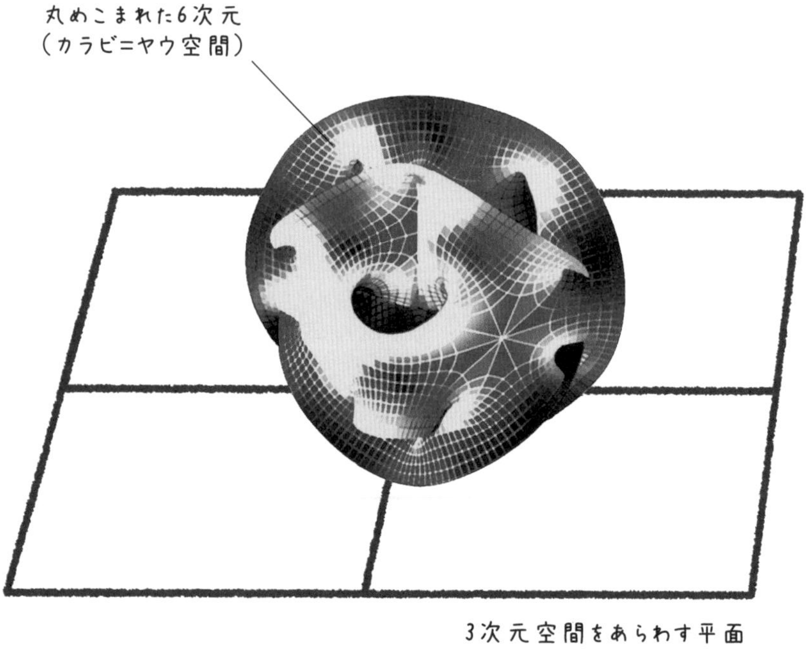

わわ，なんだこれは？

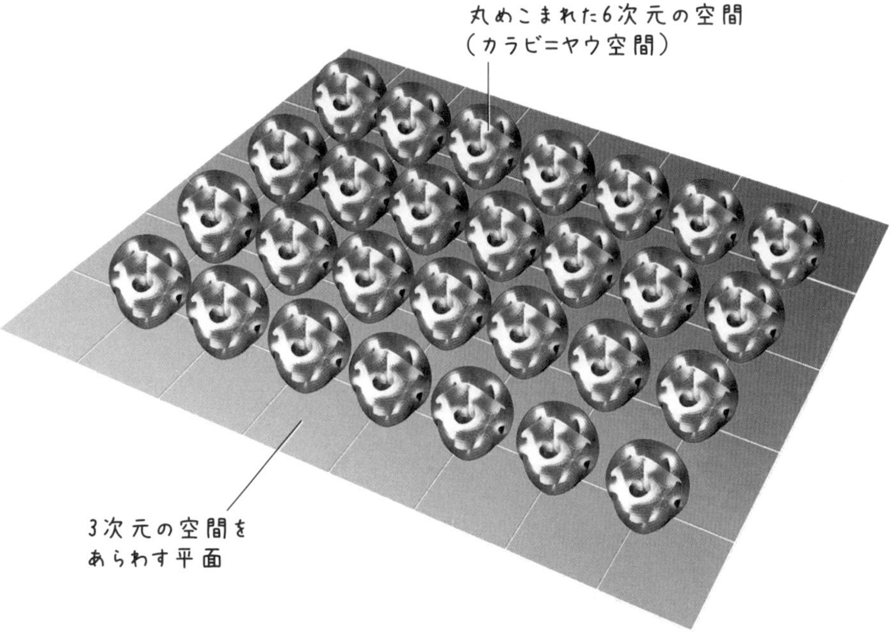

3次元空間を平面としてあらわして，その上に，丸め込まれた6次元空間をえがきました。この変な形をした空間は**カラビ＝ヤウ空間**とよばれています。
発見者である**ユージェニオ・カラビ**（1923～）と**シン＝トゥン・ヤウ**（1949～）の名にちなんでいます。

すごく複雑な形ですね。

はい。ただ，6次元の空間をちゃんと絵にえがくことはできないので，3次元世界の住人である私たちにもイメージしやすいように，次元の数を少なくしてえがいてあります。
これが，ズラーっと。

こんな奇妙なものが空間のいたるところにあるなんて。
この世界を見る目が変わってしまうなぁ。

9次元のひもを2次元でえがく方法

超ひも理論が予言する**9次元空間**について，少しは納得できましたか？

うーん，なんとも。
そもそも9次元空間をイメージすることができないので，ひもが9次元空間で振動しているといわれても，ピンときません。

フフフ。たとえ物理学者であっても，9次元空間を頭の中で思いえがくのは不可能なんですよ。
でも，9次元空間で振動するひものようすであれば，1次元ごとに分解することで表現することは可能です。

えっ!?　そんな方法があるんですか？

はい。3次元の建物を，正面や横から見た平面図に分解して表現するのと同じ考え方です。

まず，ひもの一方の端を「0」，もう一方の端を「1」として，ひもに0～1までの目盛りをつけます。

ひもに目盛りをつける

そして，それぞれの次元(方向)で，ひもにつけた目盛りがどこにあるのか(各次元における座標)を示すことで，高次元空間で振動するひもの形を表現することができます。
ためしに2次元のひもを，あえて2個の次元に分けて示したのが，右のイラストです。

ひもにつけた目盛りの位置を，$\boldsymbol{x}$座標と$\boldsymbol{y}$座標に対応づけて**グラフ**にえがいたんですね。

はい。
同じように考えれば，9次元のひもを9個の次元に分けて示すこともできます。

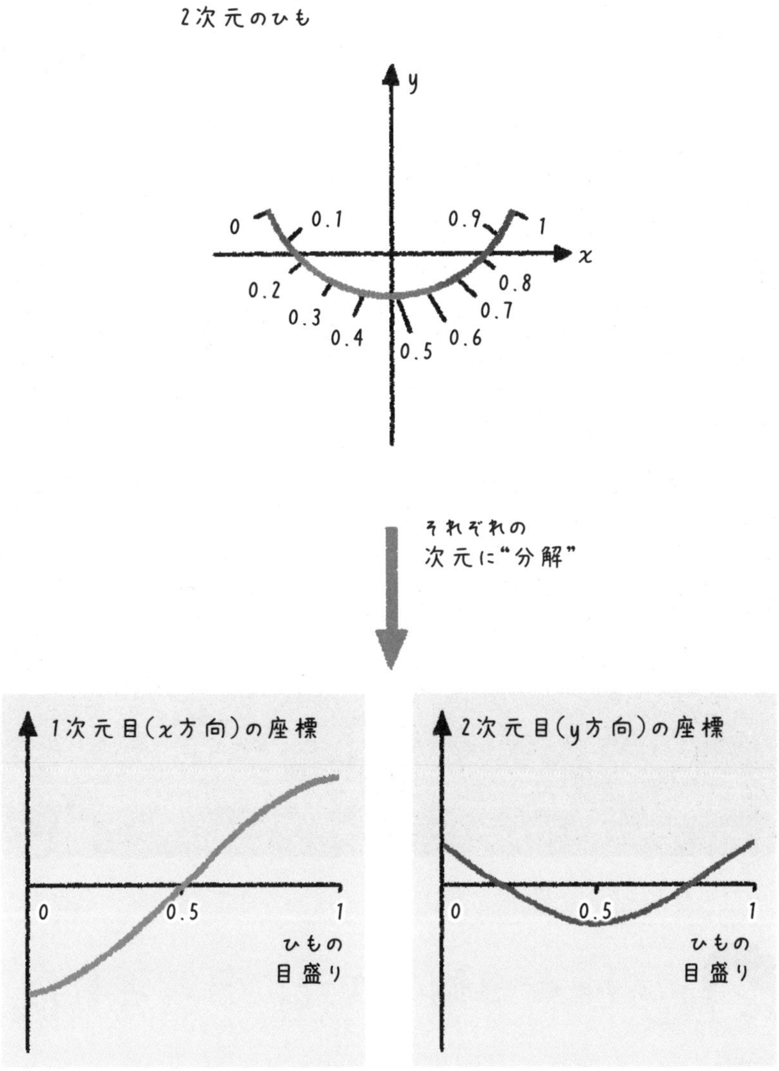
2次元のひも
y
x
0
0.1
0.2
0.3
0.4
0.5
0.6
0.7
0.8
0.9
1
それぞれの
次元に“分解”
1次元目(x方向)の座標
0
0.5
1
ひもの
目盛り
2次元目(y方向)の座標
0
0.5
1
ひもの
目盛り

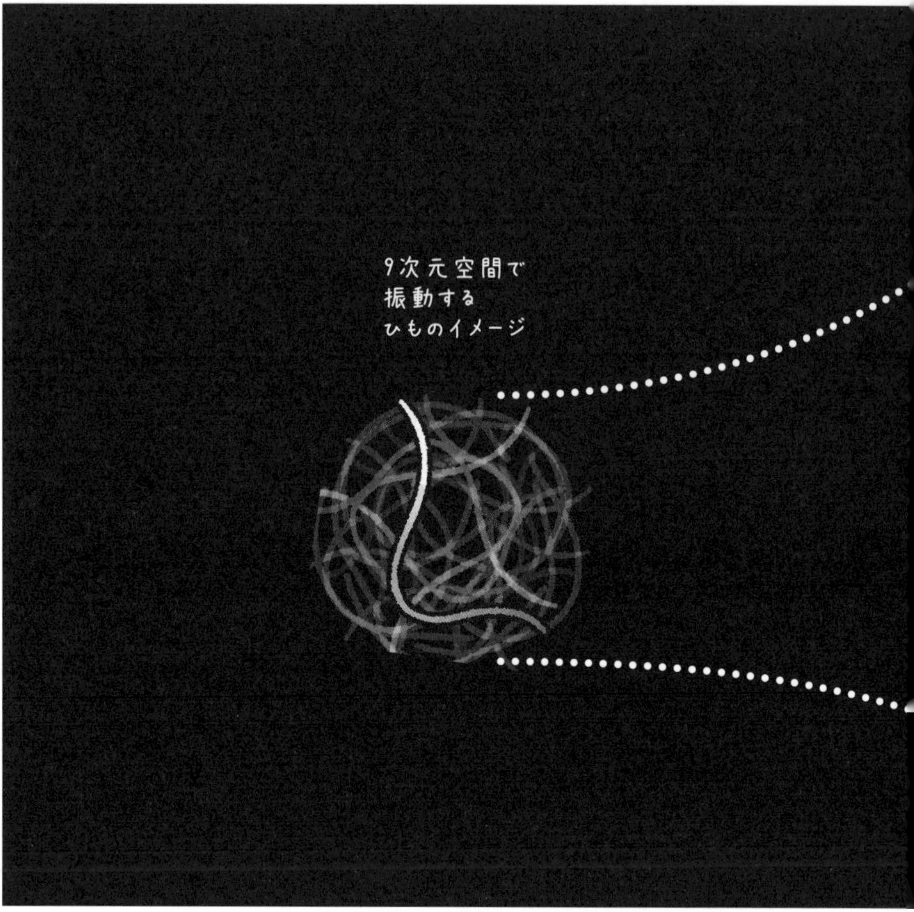

ひもの振動が**9個の次元に分解された。**

はい。ひもは振動していますから，時間とともに，その形は変化します。各次元に分けて示したひもの座標も時間とともに変化します。
各次元におけるひもの座標の時間変化を統合することで，9次元におけるひも全体の動きを示すことができるんです。

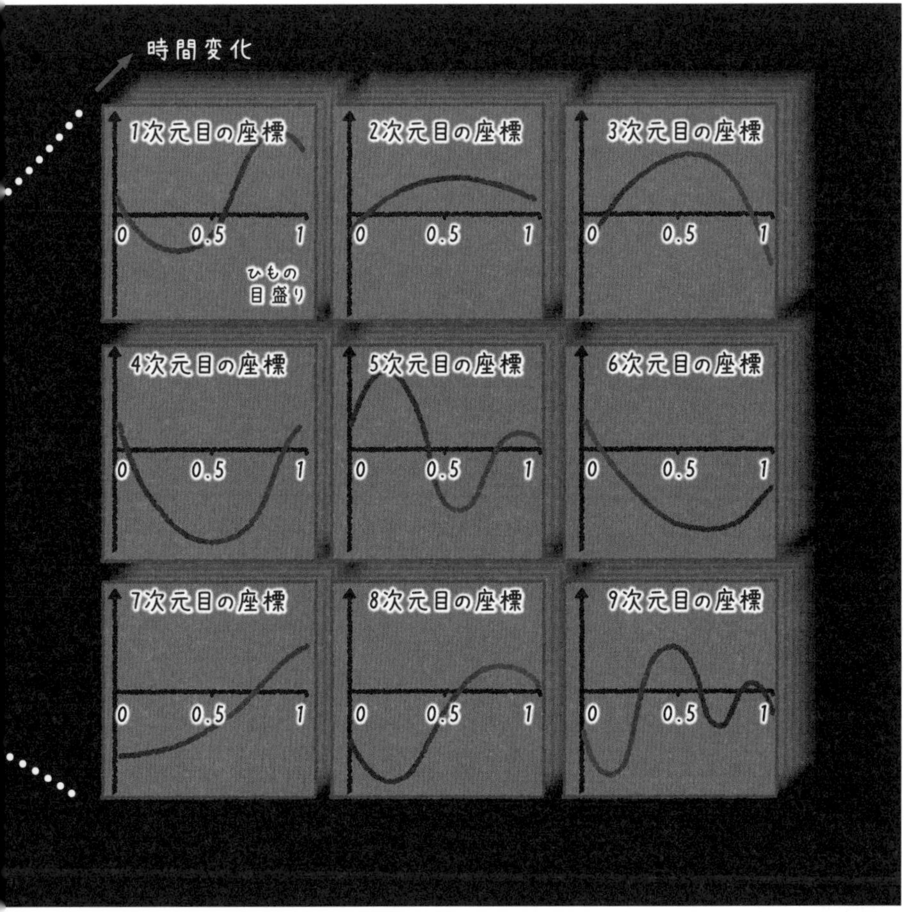

うーむ……。

もはや通常の概念ではあらわせない世界ですね。

STEP 2

超ひも理論に欠かせない不思議な膜

この世界は，高次元空間に浮かんだ膜のようなものかもしれない—。このような膜を考えることで，超ひも理論は進展しました。この世界が膜のようなものとはどういうことでしょうか？

ひもはブレーンという膜にくっついているのかもしれない

9次元空間だなんて，とても信じられませんでした。
世界観が一変してしまいそうです。

超ひも理論の信じがたい予言は，9次元空間だけではないんですよ。
超ひも理論によると，私たちのいる3次元空間は**膜**のようなものかもしれないのです。

ま，まく？

はい。超ひも理論が予言する膜を「ブレーン」といいます。

ぶれーん……？

ブレーンは，膜という意味の英語membraneに由来した用語です。その名のとおり，ひもが平面状に広がって膜のようになったものです。

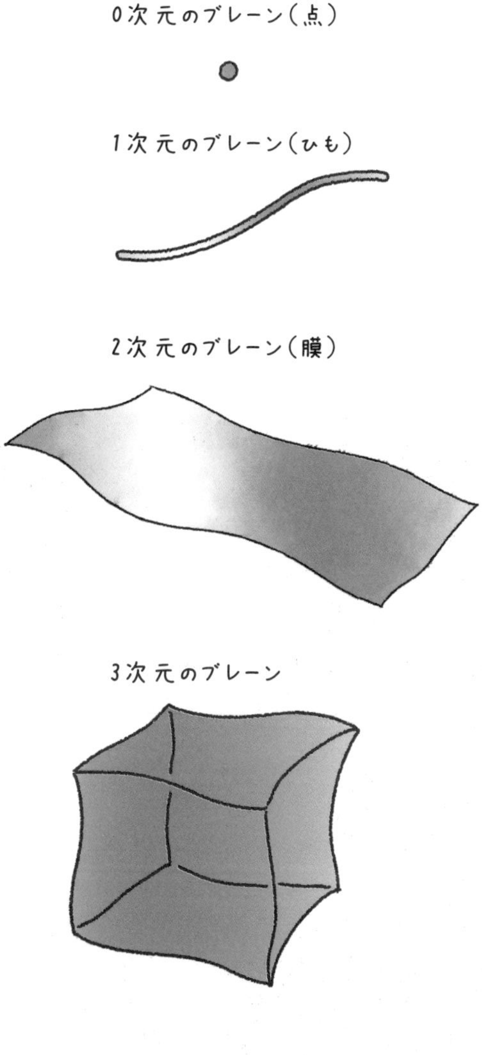

またとんでもないものが！

一般的な膜は平面なので2次元ですが，超ひも理論におけるブレーンは2次元にとどまりません。3次元や4次元，果ては9次元に展開するブレーンも存在すると予想されています。

ひゃー！　さらにいろんな種類のブレーンがある!?
9次元の膜とか……。ぶっ飛んでいますね。

このうち，1次元のブレーンが，ひも。すなわち素粒子の正体です。

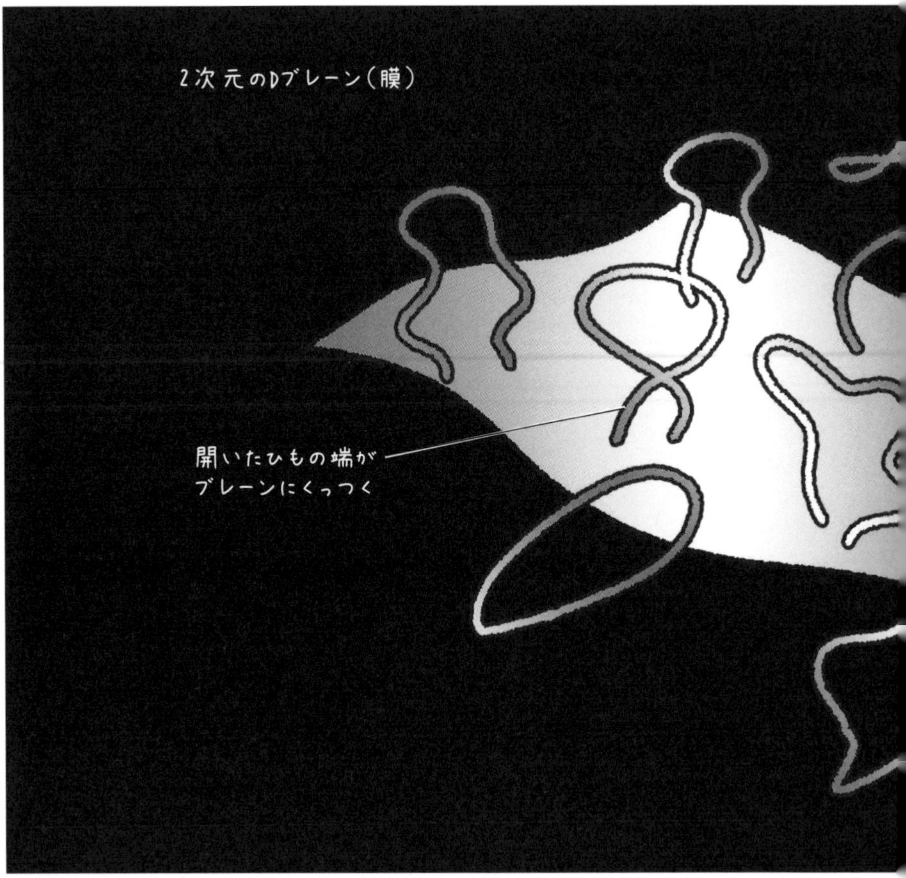

ブレーンは，1980年代後半より理論的に議論されはじめました。さらに1989年，アメリカの物理学者ジョセフ・ポルチンスキ博士によって，**ブレーンに関する，ある重要な性質が明らかにされました。**

ど，どのような性質なんでしょうか？

それは，特定の条件を満たすブレーンには，開いたひもの端がくっつくという性質です。

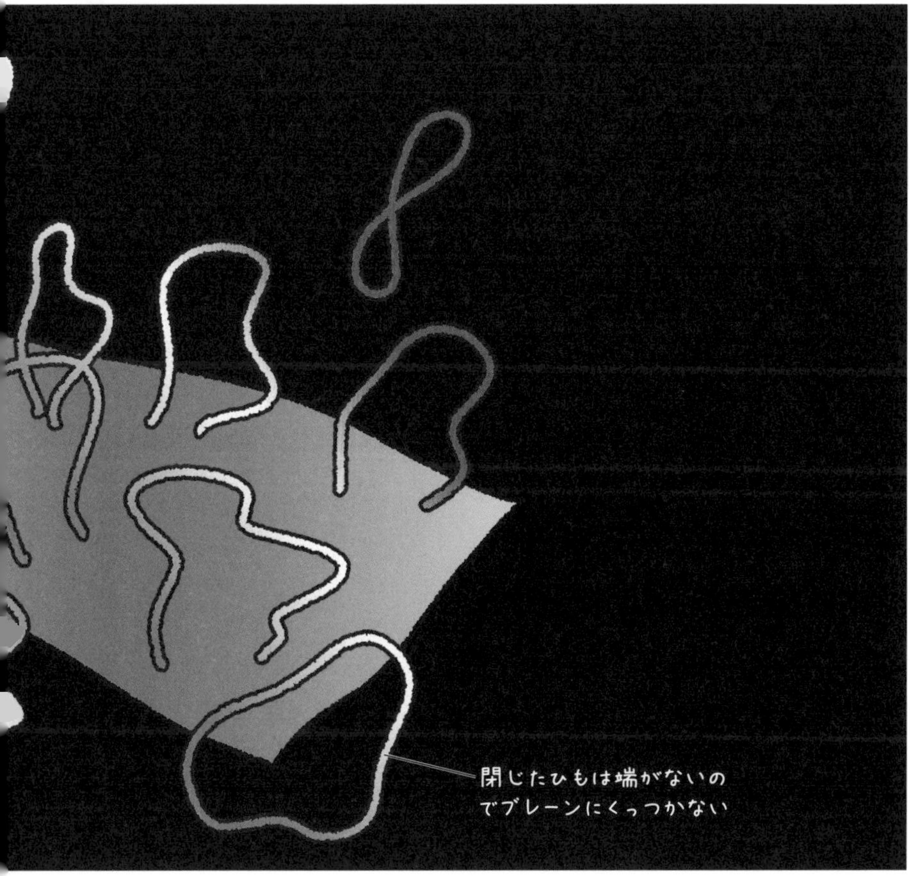

このようなブレーンをDブレーンといいます。一方，閉じたひもには端がないので，ブレーンにはくっつきません。ブレーンにくっつくのは，ひも状の開いたひもだけなんです。

え，え～と，ひもは9次元空間で振動していて，膜みたいなブレーンにくっついている……。うわ～！　もう，何がなんだか。

私たちは，ブレーンの中にいる？

しかし……Dブレーンなんて，実在するんでしょうか。あるとしたら，Dブレーンは一体どこに存在するんでしょうか？

ブレーンはまだ，本当に存在するのかどうか，わかっていません。ただ，超ひも理論から派生して生まれた「ブレーンワールド」という仮説によると，**私たちがいる宇宙空間全体に，広大な3次元のDブレーンが広がっていると考えられています。**

宇宙空間が，ブレーン!?

はい。**私たち自身がブレーンの中で生活しているため，その存在に気づくことができないんです。**このブレーンを考えることで，超ひも理論は，自然界のさまざまな現象を説明できるようになりました。

この世界が膜だなんて。 信じられない……。

私たちは，ブレーンの中に住んでいる……。ブレーンの外に出ることはできるんでしょうか？ そもそもブレーンの外ってどうなっているんですか？

私たちのいる3次元のDブレーンの外というのは，4次元以上の高次元空間をさしています。つまり，**3次元のDブレーンは，高次元空間に浮いているような状態なんです。**

浮いている……？

はい。Dブレーンが私たちの感じられる3次元空間で，その外が高次元空間です。

Dブレーンの外に行ったり，見ることはできないんですか？

人体をはじめ，**あらゆる物質を構成する素粒子は開いたひもでできているので，物質はブレーンにくっつき，その外に出ていくことはできません。**つまり，3次元空間から，外の高次元空間に出ていくことはできないのです。

また，光も開いたひもなので，同じく3次元ブレーンの上でしか伝わることができません。そのため，光では3次元ブレーンの外（高次元空間）の存在を確かめようがないのです。

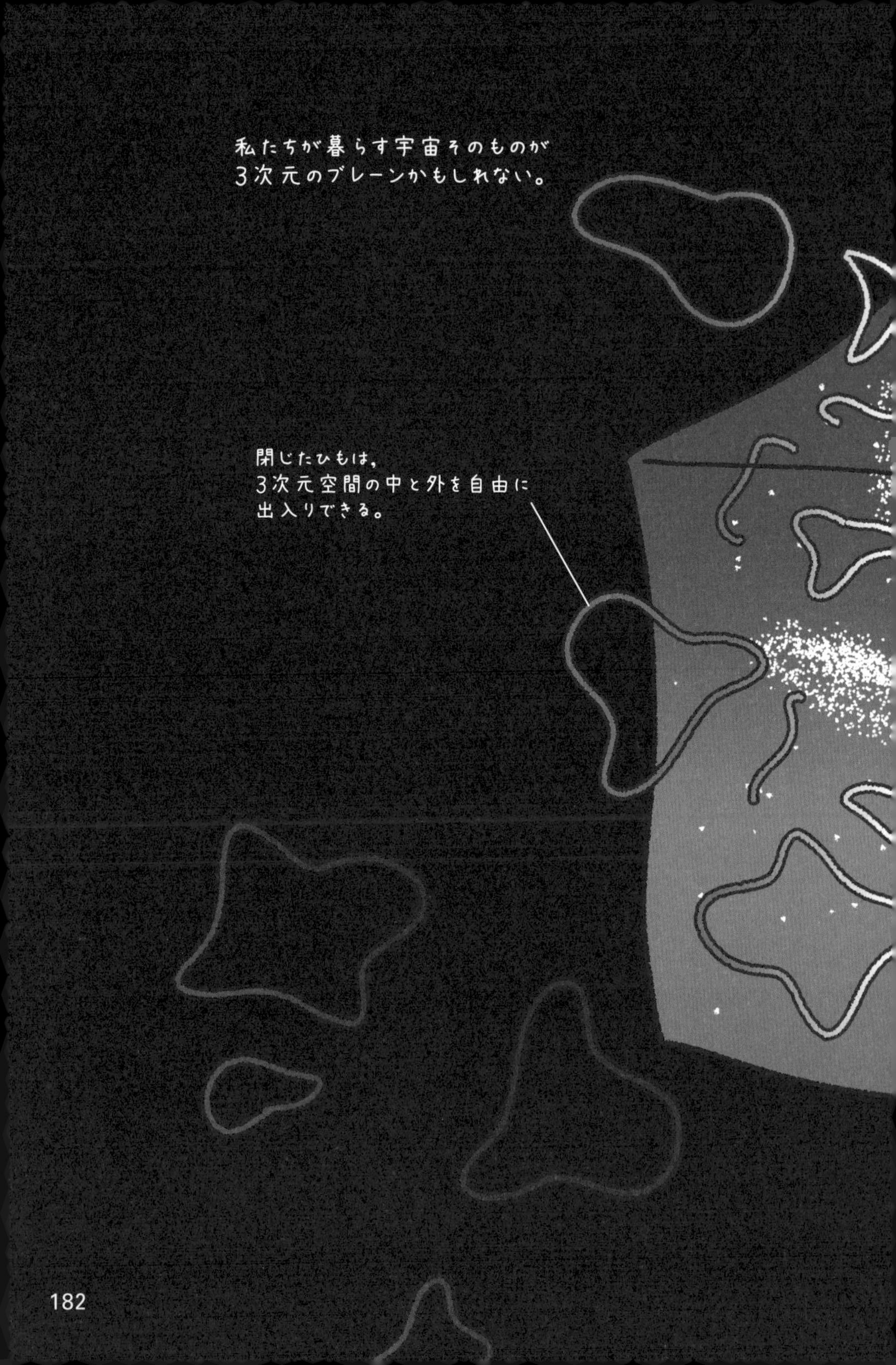
私たちが暮らす宇宙そのものが
3次元のブレーンかもしれない。
閉じたひもは、
3次元空間の中と外を自由に
出入りできる。

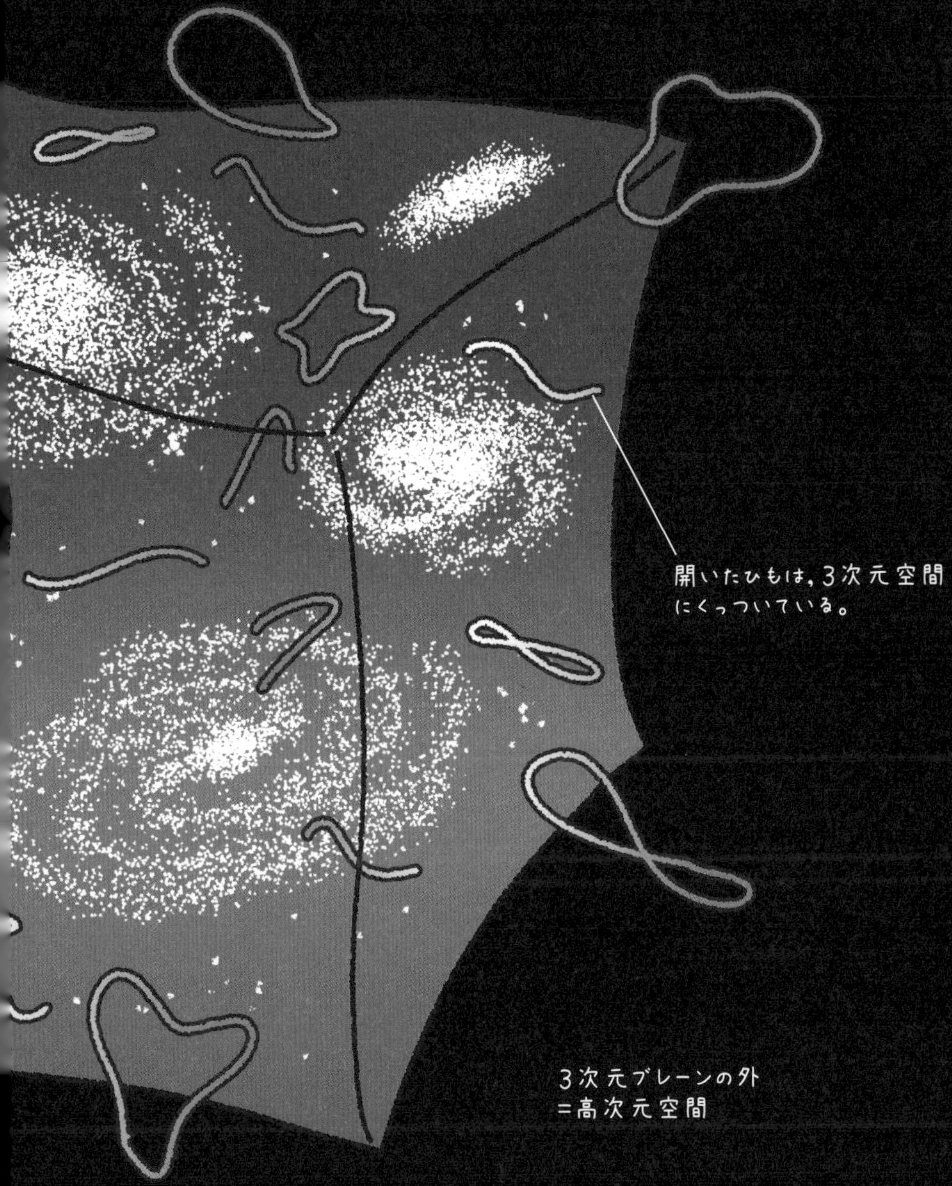
開いたひもは、3次元空間
にくっついている。
3次元ブレーンの外
=高次元空間

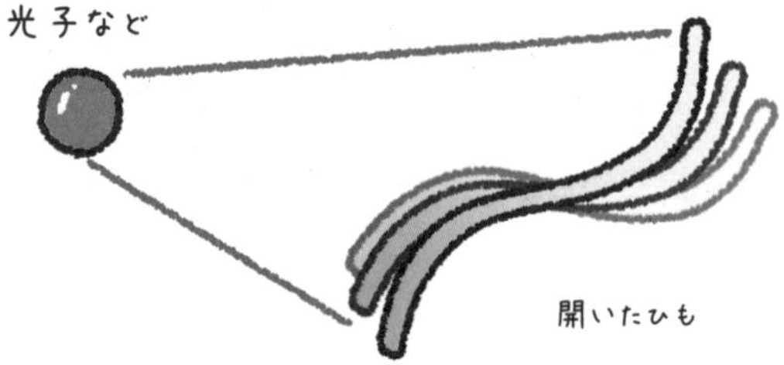

あっ！ そういえば，重力は閉じたひもでしたよね？

そうです！
よく覚えていましたね！　重力を伝える重力子は閉じたひもなので，**ブレーンをはなれて，高次元空間にも伝わることができると考えられています。**

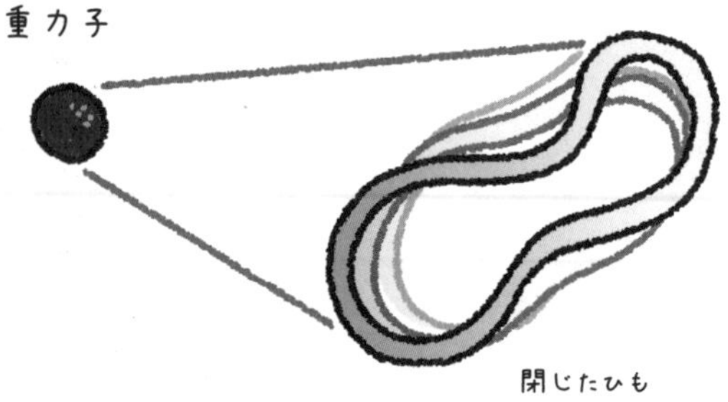

重力子は，確かまだ見つかっていないんですよね。
ブレーンを出ていける，という点が，なんだかアヤシイですね。

ちなみに，ここで紹介したブレーンワールド仮説に登場する高次元空間の考え方と，STEP1で紹介したカルツァやクラインの高次元空間の考え方には，ちがいがあります。
通常の考え方では，3次元をこえる高次元空間は，ひもの長さ(およそ10^{-35}メートル)程度に，ものすごく小さく丸めこまれていることになります。
一方，**ブレーンワールド仮説では，観測にかかりうるほどのかなり大きな高次元空間を考える場合もあるんです。**

重力はけたちがいに弱い

重力が私たちのいる3次元のブレーンをはなれて高次元空間にも伝わる，という仮説は，重力に関する大きな謎を解くヒントになる可能性があります。

大きな謎？

はい。それは，**重力が極端に弱い**という謎です。

重力は，弱い？
そんなことないんじゃないですか？　だって，物が落ちるのは重力のせいですよね。重力が弱かったら，テレビで見る宇宙船の中みたいに，みんなふわふわ浮遊しちゃうんじゃないですか？

たしかに，「重力は，弱い」といわれても，普段重力にしばられて生活している私たちにとっては，ピンとこないかもしれません。
でも，重力を強く感じられるのは，重力源である地球の質量がきわめて大きいからです。地球はだいたい6×10^{24}キログラムもありますから。

重力は，どれくらい弱いんでしょうか？

ここにクリップがあります。磁石を近づけると，簡単にもちあがりますね。

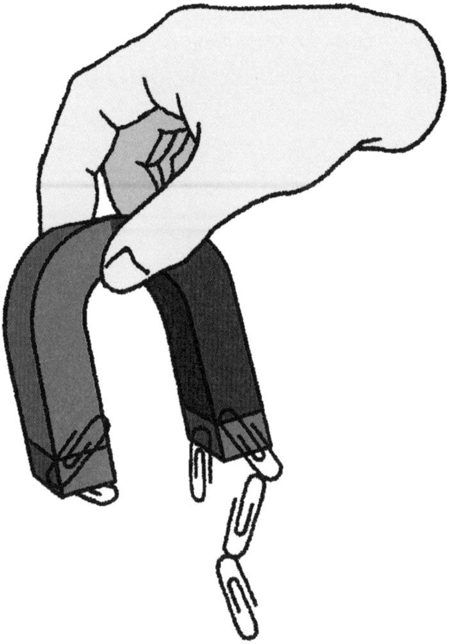

はい。

クリップは，巨大な地球の重力にひっぱられているにもかかわらず，手のひらにおさまるほど小さな磁石の磁力によって，簡単に浮き上がります。

たしかに……。

これは，重力が磁力にくらべて圧倒的に弱いことを意味しています。
電磁気力と重力の大きさを比較すると，なんと**重力は電磁気力の10^{42}分の1程度しかありません。**

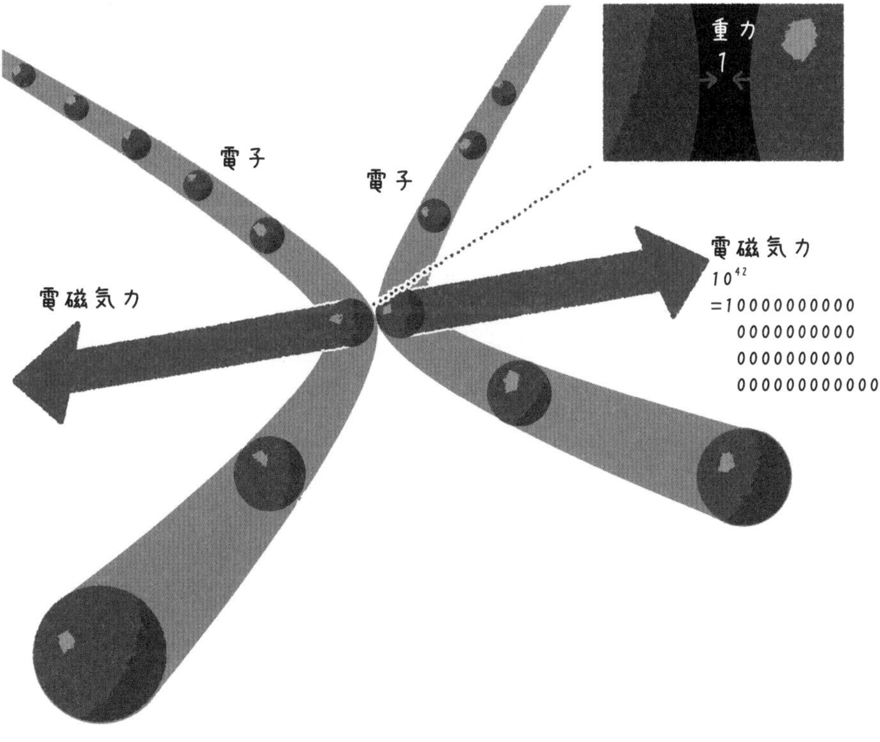

重力，よわっ！ 電磁気力つよっ。

電磁気力以外のほかの二つの力と比較しても，重力はきわめて弱いんです。これがいったいなぜなのか，物理学者たちにもわからない，**大きな謎なのです。**

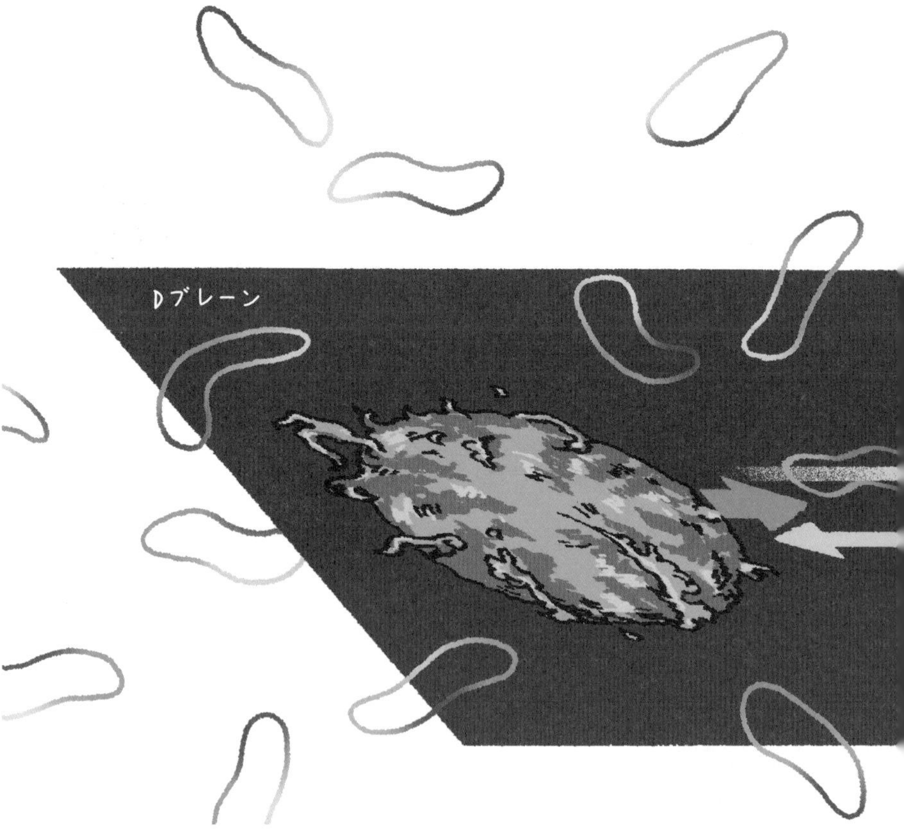

その謎が，ブレーンと関係しているんですか？

先ほどお話ししたように，重力を伝える**重力子**だけは閉じたひもだと考えられていますから，３次元のＤブレーン（３次元空間）にくっついていません。ですから，重力子は私たちのいる３次元空間の外に飛び出し，高次元空間にも移動しているのではないかと考えられています。

高次元空間に移動？

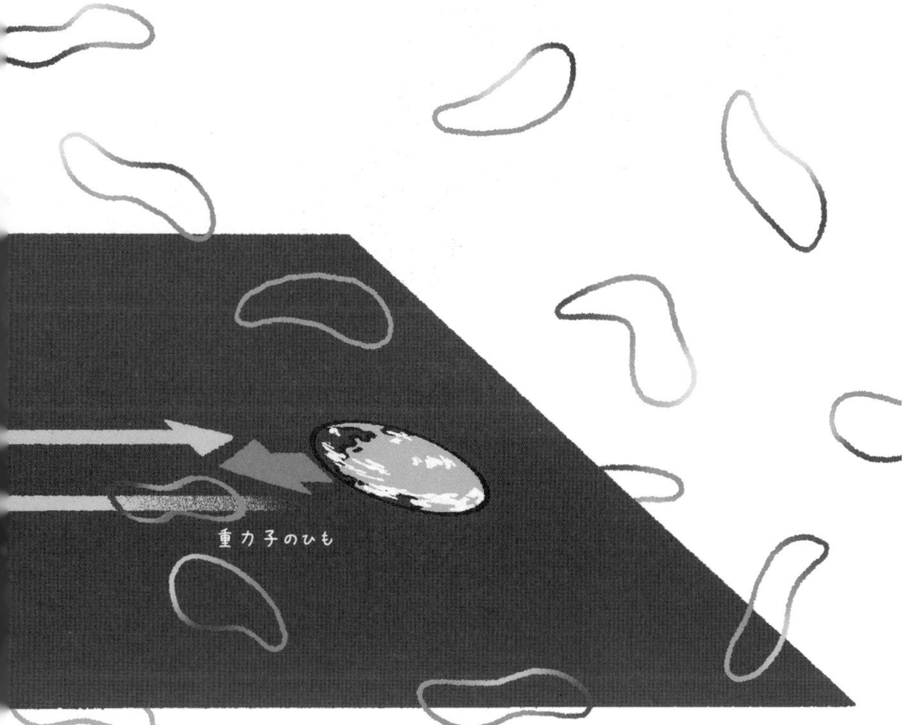

はい。3次元空間の外に出てしまうんです。
重力子が高次元空間へと拡散する分,
3次元空間での重力は弱まってしまうと
考えられるわけです。

私たちが行くことのできない異次元の世界に，重力は行くことができるというわけですか。

その通りです。
重力は，本当は電磁気力などのほかの力と同じくらい強いけれど，高次元空間に移動することができるため，みかけ上，弱く見えている，と考えられるわけです。

異次元に行ける重力……。弱いわけじゃなかったんだ。
もはやSFの世界ですね。

重力の伝わり方から次元の数がわかる

先生，超ひも理論では，この世界は9次元空間であることを予言しているんですよね。
いったいこの世界が何次元空間なのか，知る方法はないんでしょうか？

そうですね。超ひも理論がいくらみごとな理論であっても，証拠がなくては理論は成立しません。ですから，実験や観測によって，実際に空間が何次元かを確認する必要があります。
その方法の一つが，**重力の伝わり方**を調べることです。

なるほど。異次元空間に移動できるという重力の，まずはその伝わり方の特徴を調べるわけですね。

重力の伝わり方の法則を最初に発見したのは，**アイザック・ニュートン**です。
ニュートンは，月にはたらく地球の重力の強さなどを計算し，**「質量をもつ二つの物体の間には，その質量に比例して物体間の距離の2乗に反比例する引力がはたらく」**という法則を導き出したんです。

アイザック・ニュートン
（1642~1727）

うむむむ。むずかしい。

まず，**重力とは，質量をもつ二つの物体の間にはたらく引力のことです。**地球があなたを引っ張るのと同時に，あなたも同じ力で地球を引っ張っています。

綱引きしてる感じですね。

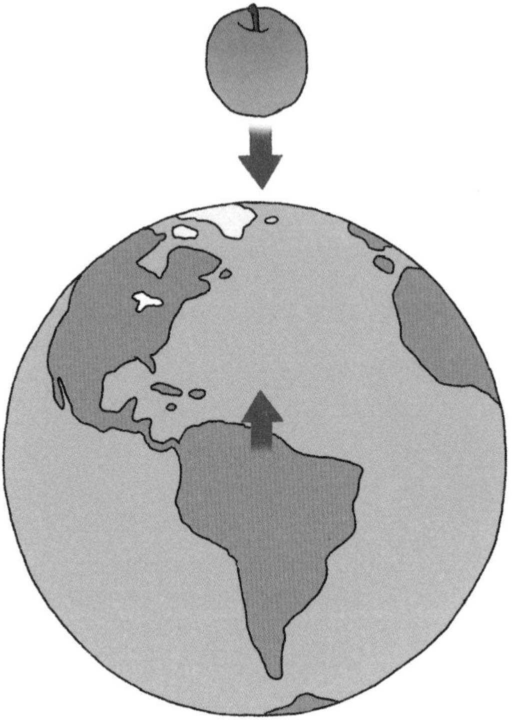

はい。

そして重力は，二つの物体の距離が近づくほど強く，遠ざかるほど，弱くなります。

重力が「**距離の2乗に反比例する**」とは，距離が2倍になると，重力は4分の1（2^2分の1）の大きさになり，距離が3倍になると重力は9分の1（3^2分の1）の大きさになる，ということです。

なるほど。じゃあ距離が4倍のときは，重力は16分の1（4^2分の1）ということですね，
重力って，距離がのびると，急激に弱まっていくんですね。

ええ，そうです。
重力の大きさは次の式であらわせます。

$$重力 = G\frac{Mm}{r^2}$$

Gは万有引力定数。Mとmは二つの物体の質量，rは二つの物体間の距離。

それから，重力の伝わり方は，**重力線**であらわすこともできます。

重力線？

はい。**磁力線**って習いませんでしたか？　あれと同じものをここではそうよびます。

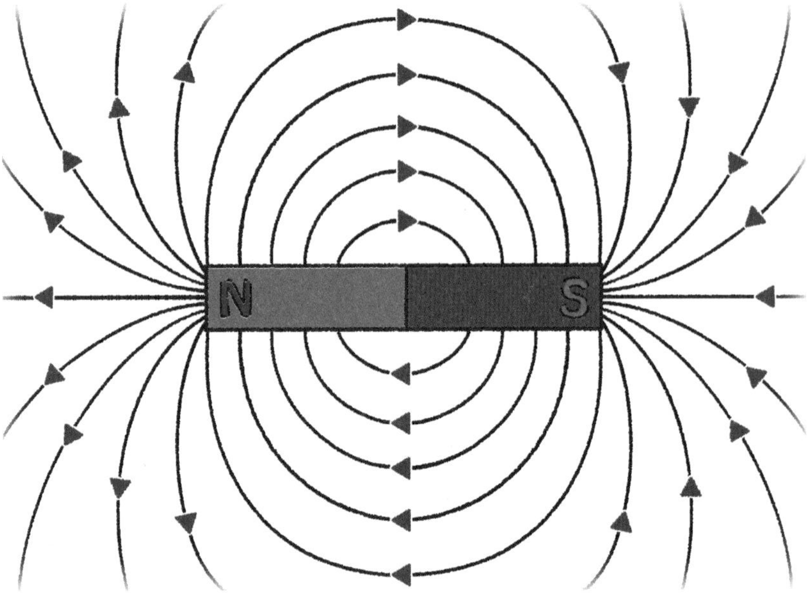

磁力線の向きは，磁力のはたらく方向をあらわしていて，磁力線の密度は磁力の大きさをあらわしているんです。

あぁ，やりました。それじゃ，**地球の重力も，重力線であらわすことができるんですね！**

はい。地球の重力線は，地球の中心から周囲に均等に飛び出した線としてえがくことができます。地球からある距離の地点における重力の強さは，その地点をつらぬく線の密度によってあらわされます。

重力線を見ると，重力の伝わり方が次元と関係があることが納得できるはずです。

なぜですか？

たとえば，地球から1000本の力線をえがいたとします。力線の数は，表現上の都合なので，何本でもいいのですけど。
そうすると，ある場所の力線の密度は，この1000を，重力源を中心とした球の表面積で割ったものとなります。
すなわち「**1000÷球の表面積**」です。
球の表面積の公式は知っていますか？

いやー知りません。

中心からの距離をrとすると，球の表面積は，$4\pi r^2$となります。ですから，距離rの場所の力線の密度は，$\frac{1000}{4\pi r^2}$と書けるわけです。
この式は，**力線の密度，すなわち重力が，距離rの2乗に反比例して小さくなることを示しています。**
これが，この世界が3次元空間だった場合の計算で，事実とも合っています。

3次元空間だった“場合？”

じゃあ，たとえば，2次元の世界で考えるとどうなるんでしょうか？

2次元空間の場合，重力線の密度は，「**1000÷円周の長さ**」で求められるはずです。

3次元空間の場合の重力線

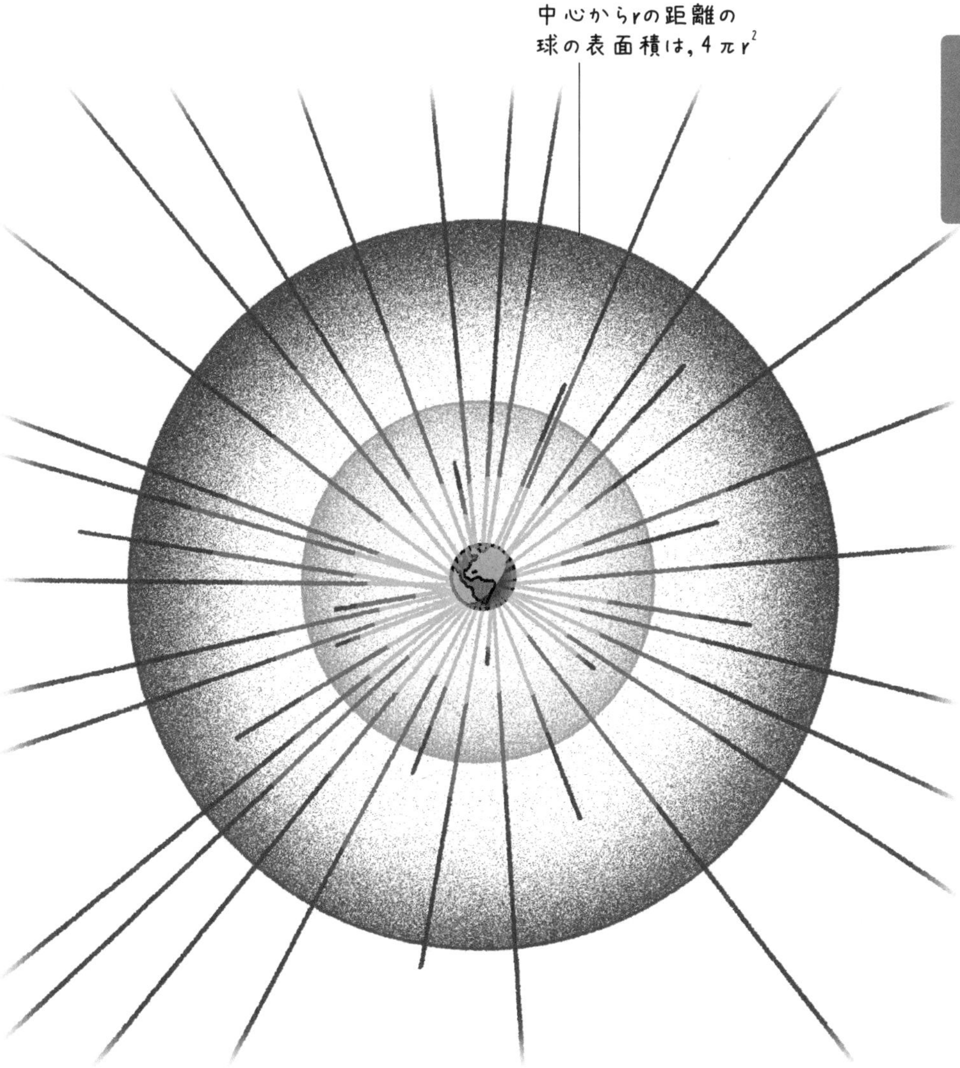

球の表面積ではなくて，円周の長さになったんですね。

はい。中心（重力源）からの距離をrとすると，円周の長さは，$2\pi r$となります。ですから，距離rの地点の力線の密度は，$\frac{1000}{2\pi r}$と書けるわけです。
つまり，2次元世界で重力を考えると，距離rの1乗に反比例することになります。
このように，**空間の次元の数によって，重力の伝わり方は変わるんです。**

なるほど〜。
実際には，重力は距離の2乗に反比例するわけですよね。

はい，そうです。
これはつまり，この世界が3次元空間であることを示しています。

うーん，超ひも理論では9次元空間だっていってるから……。ニュートンさんの発見が実はまちがっていた，とか？

ニュートンが発見した法則は，天体の軌道計算や，人工衛星の軌道の計算など，さまざまな場面で使われています。これがまちがっていたら，大問題ですよ！
ですから，万有引力の法則は正しくて，この世界は3次元空間だということになります。

2次元空間の場合の重力線

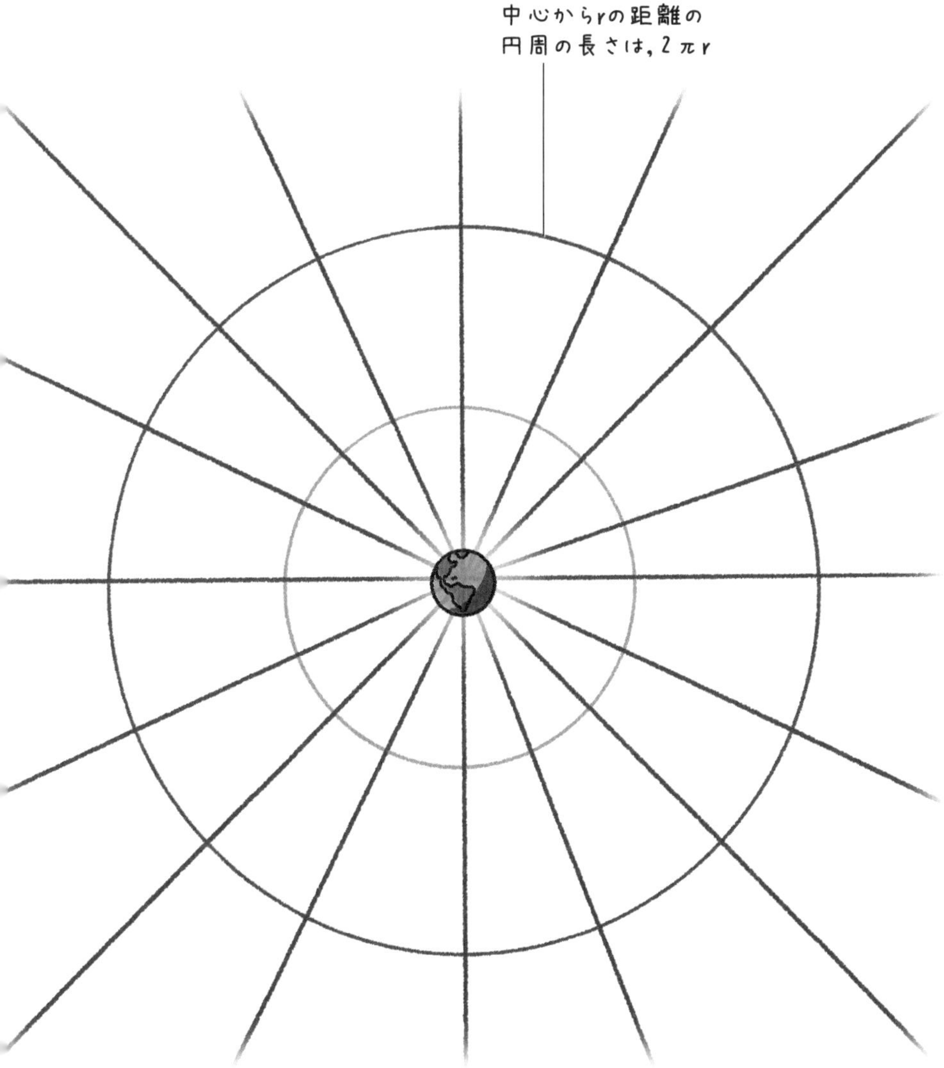

なぁーんだ。
やっぱり高次元空間なんて，存在しないんだ！

ところがそうともいい切れないんです。
重力の伝わり方にはまだ検証されていない領域が残っているんです。
0.1ミリメートル以下といった短い距離で，重力の強さが本当に，距離の2乗に反比例するのかは，まだきちんと確認されていないんです。

なぜそんな短い距離での重力を検証する必要があるんですか？

かくれた余剰次元の大きさよりも短い距離で，重力がどのように伝わるかを知る必要があるんです。余剰次元の大きさよりも近い距離まで近づくと，**重力の法則が高次元空間のものに切り替わるかもしれないんです。**

え!? **重力が切り替わる？**

先ほど計算してみたように，理論上，重力の大きさは「距離の［空間次元ー1］乗に反比例する」ことがわかっています。
2次元空間なら距離の1乗，3次元空間なら距離の2乗，そして，4次元空間なら距離の3乗，5次元空間なら距離の4乗に反比例します。
これは，**空間の次元が高いと，距離が近づくにつれて，重力が急激に強くなることを意味します。**ですから，重力の大きさを余剰次元ほどの短い距離で観測できれば，何次元なのかがわかるかもしれません。

おもりと重力源の間の距離と，重力の強さの関係を示したグラフ

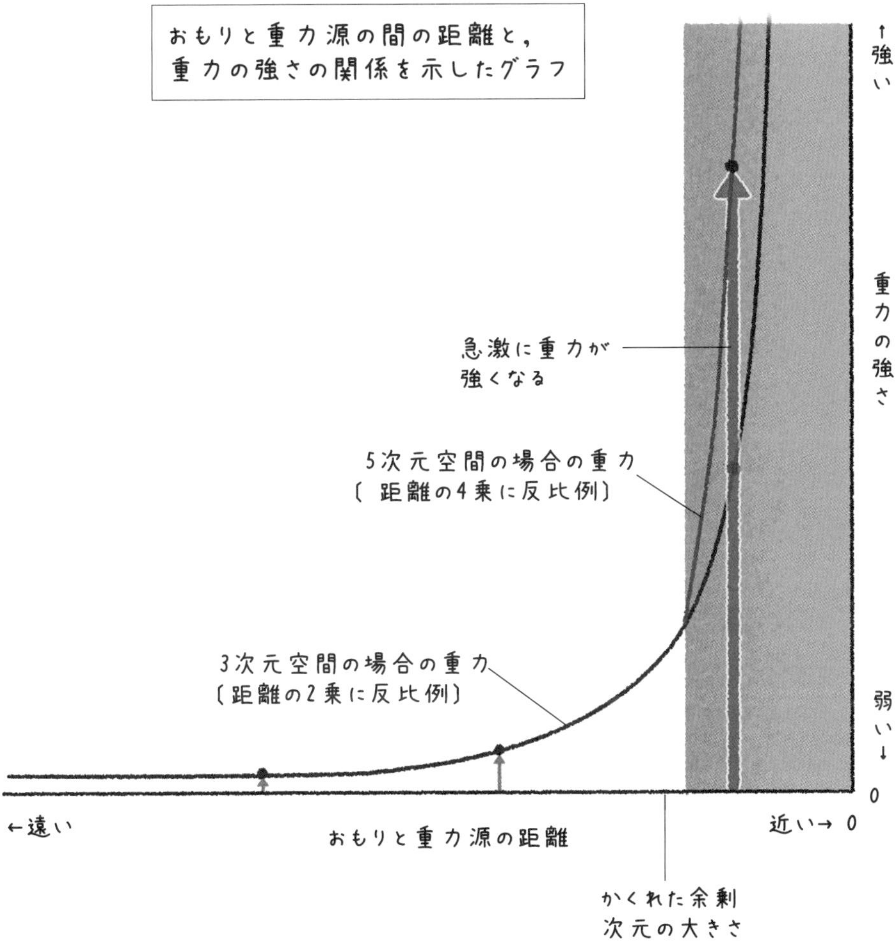

じゃあ，もしもこの世界が9次元空間だったとしたら，**重力は距離の8乗に反比例**するわけですね。

そうなりますね。
ただし，0.1ミリメートル程度の距離で重力の検証を行った研究がありますが，余剰次元の存在を意味する結果は得られていません。もっとずっと近い距離の重力を計測しないといけないようです。
高次元空間が本当に存在するのかどうかは，大きな謎で，**物理学の一大テーマなんですよ。**

偉人伝❷

物理学の巨人，南部陽一郎

南部陽一郎は，1921年に東京で生まれました。中学生のころ，湯川秀樹が世界的に注目され，物理学に興味をもちます。

29歳の若さで教授となる

1942年に東京帝国大学理学部物理学科を卒業すると，直ちに陸軍に徴兵され，レーダー研究施設などに配属されました。1945年に終戦をむかえると大学に戻りました。3年間，大学の研究室で寝泊まりし，研究に没頭していたようです。

1949年，当時新設の大阪市立大学の助教授になり，さらに翌年の1950年には，29歳の若さで教授となりました。

そして1952年，朝永振一郎のすすめで渡米します。プリンストン高等研究所勤務を経て，1954年にシカゴ大学に移籍。シカゴ大学では，1956年に助教授，さらに2年後の1958年に教授となりました。

ノーベル賞につながる論文を発表

40歳となった南部は，のちにノーベル物理学賞につながる論文を発表します。それが「対称性の自発的な破れ」に関する論文です。これは物質になぜ重さがあるのか？　という疑問に答える道筋をつけた理論です。

宇宙が誕生したばかりのきわめて高温だったころには，素粒子は質量をもっておらず，光速で宇宙を飛びかっていたと考えられています。その後，宇宙が冷えてくると質量をもつようになったといわれています。このとき質量が生まれたしくみを説明するために必要なのが，南部が提唱した「対称性の自発的な破れ」の考え方です。2008年，この研究により南部は，小林誠，益川敏英とともに，ノーベル物理学賞を受賞しました。

2012年には，南部らの理論を発展させて予言された「ヒッグス粒子」という素粒子が発見されました。これこそ素粒子に質量をあたえる素粒子です。現在の素粒子物理学の基盤となる理論「標準理論」はヒッグス粒子の存在が前提となっています。そして，ヒッグス粒子の考え方は，南部の理論が出発点となっています。つまり，現在の素粒子物理学の基礎をきずいたのは南部の理論だといえるのです。

南部はほかにも超ひも理論の原型となる「ハドロンのひもモデル」を提案するなど，理論物理学の発展に多大なる影響をあたえました。常に時代をリードする研究を行い，「物理学の巨人」や「物理学の預言者」などとも評されました。

4
時間目

発展をつづける
超ひも理論

STEP 1

物理学者が追い求める究極の理論

自然界のあらゆる現象を引きおこす，四つの力。この四つの力を統合する理論こそ，究極の物理理論と考えられています。超ひも理論は，その有力候補として，期待されています。

すべての力を統一する「究極の理論」

超ひも理論は，まだ未完成です。でも，完成すれば「究極の理論」になる可能性があるといわれています。

究極の理論とは!?

1時間目にも少しだけお話ししましたが，この宇宙のあらゆる現象を説明できる，たった一つの理論のことです。「万物の理論」ともいわれることもあります。英語で言うと「Theory of Everything」です。

セオリー オブ エヴリシング……。
かっこいい。SF映画のタイトルみたいです。

2時間目にお話ししましたが，自然界のあらゆる現象を引きおこす力は，わずか四つにまとめられています。

重力，電磁気力，強い力，弱い力，ですね！

そうです！　さらに物理学者たちは，この四つの力を統合した理論を追い求めています。四つの力を統合した理論こそ，自然界のすべての現象について説明できる，究極の理論となるはずです。
究極の理論の完成は，物理学者たちが長年追い求めつづけている夢なのです！

夢……。
世界中の物理学者たちが，何十年間も，ずうっと研究をつづけているんですよね。

はい。そして，究極の理論の完成に向け，その前に立ちはだかっている大きな課題，それが**重力**なのです。
前にもお話ししたとおり，素粒子の理論である**標準理論**は，電磁気力，弱い力，強い力の三つの力を一緒にあつかうことができ，素粒子レベルでさまざまな現象をとりあつかうことができます。**しかし重力だけは，標準理論では取りあつかうことができないんです。**

「重力は厄介だ」とおっしゃっていましたね。
異次元空間を自由に行き来していたり，そのせいで本当は強いのにめちゃくちゃ弱く見えたりとか。しかも，重力を伝えている重力子も，まだ見つかっていない。

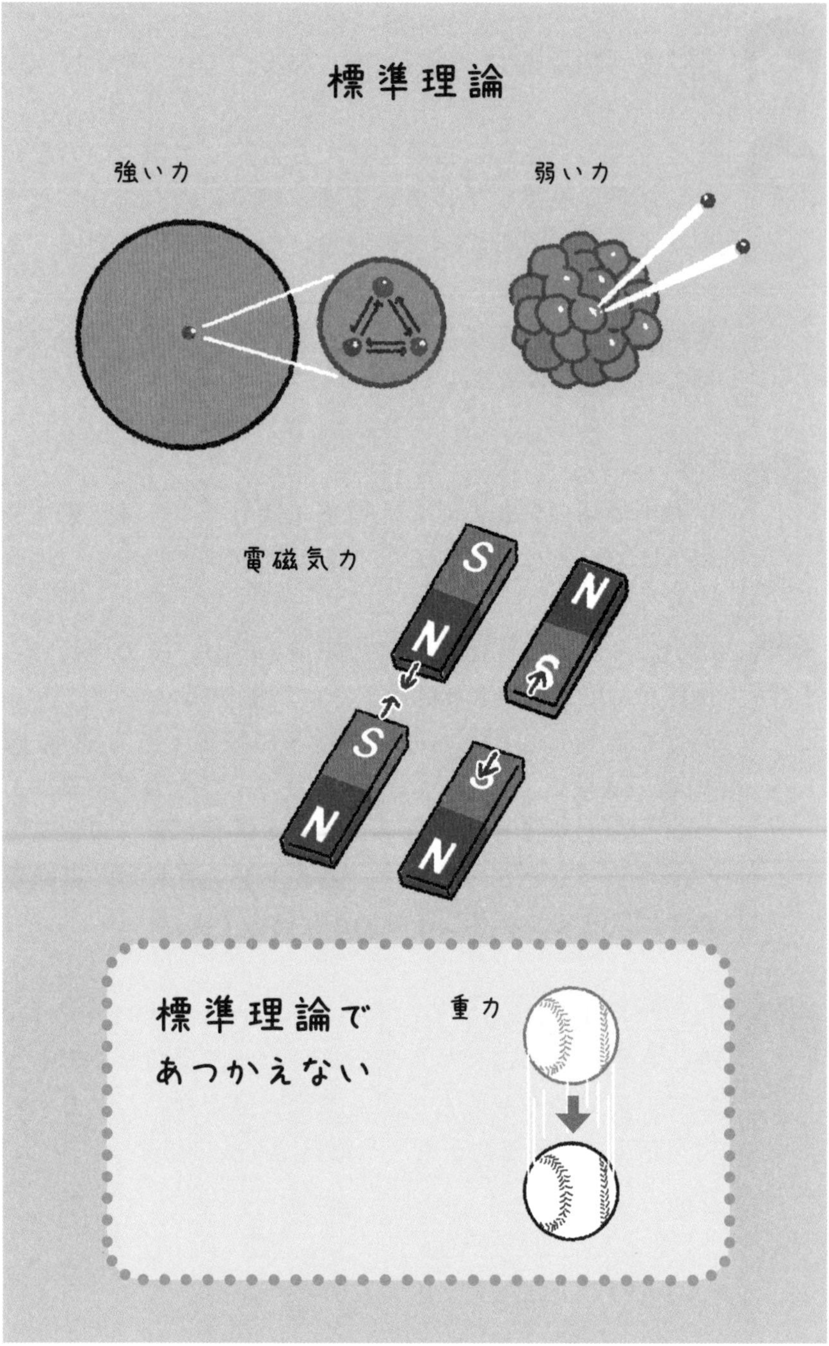
標準理論
強い力
弱い力
電磁気力
S
N
N
S
S
N
S
N
標準理論で
あつかえない
重力

なぜ重力はこんなに**むずかしいんでしょうか？**

現在，重力は「**一般相対性理論**」という理論で説明されています。一般相対性理論は，太陽系や宇宙といったマクロな世界をあつかう理論です。
一方，標準理論は，素粒子のようなミクロな世界を支配する法則である「**量子論**」に基づいた理論です。
この一般相対性理論と量子論という二つの理論を統合できていないせいで，重力をうまくあつかうことができないんです。

ミクロとマクロの統合か〜。
両極端の世界ですもんねぇ。

重力の正体は，空間のゆがみ

一般相対性理論と量子論を統合，とおっしゃいましたが，そもそもこの二つの理論はどういう理論なんでしょうか？

では，まず重力をあつかう理論である**一般相対性理論**についてお話ししましょう。
一般相対性理論は，1915年ごろにドイツの天才物理学者，**アルバート・アインシュタインが構築した理論です。**

アインシュタインなら，知っています！

はい。一般相対性理論は，**時間**と**空間**，そして**重力**についての理論です。
この理論では，質量をもつ物のまわりの空間はゆがんでおり，この空間のゆがみが重力の正体であると考えます。

空間が，ゆがむ!?

ええ，**質量をもつ物体が空間をゆがませて，そのゆがみが別の物体に影響をおよぼして，移動させるという考え方です。**

クラクラ～　ちょっと，イメージが……。

そうですね，たとえるならば，空間は重い球を置いたゴムのシートのようなものといえるかもしれません。ゴムのシートに二つの球を少し放して置くと，ゴムのシートがのびて曲がり，球は近づいていきますよね。同じように，重力は，質量をもつ物体が空間を曲げることで引き起こされる現象だと考えられるんです。

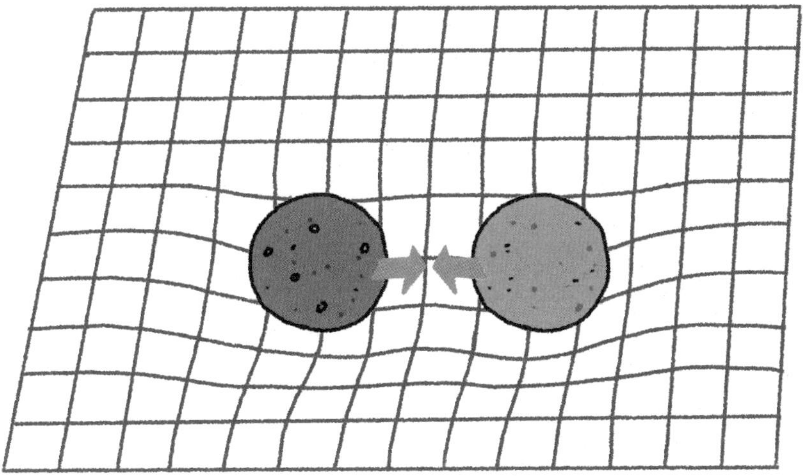

なるほど。
それならイメージできます。
とすると，地球や太陽のまわりの空間もゆがんでいるわけですか？

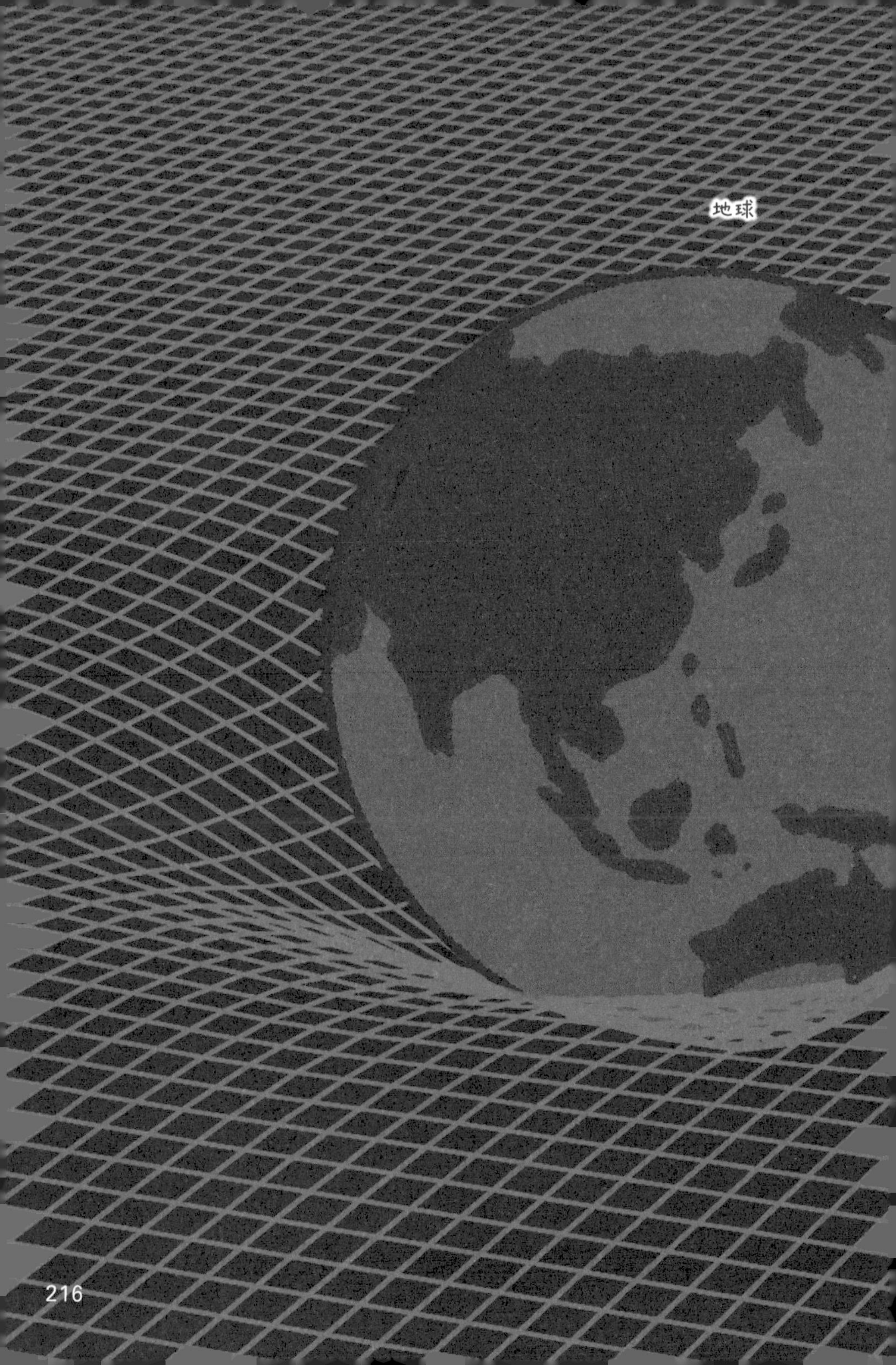
地球

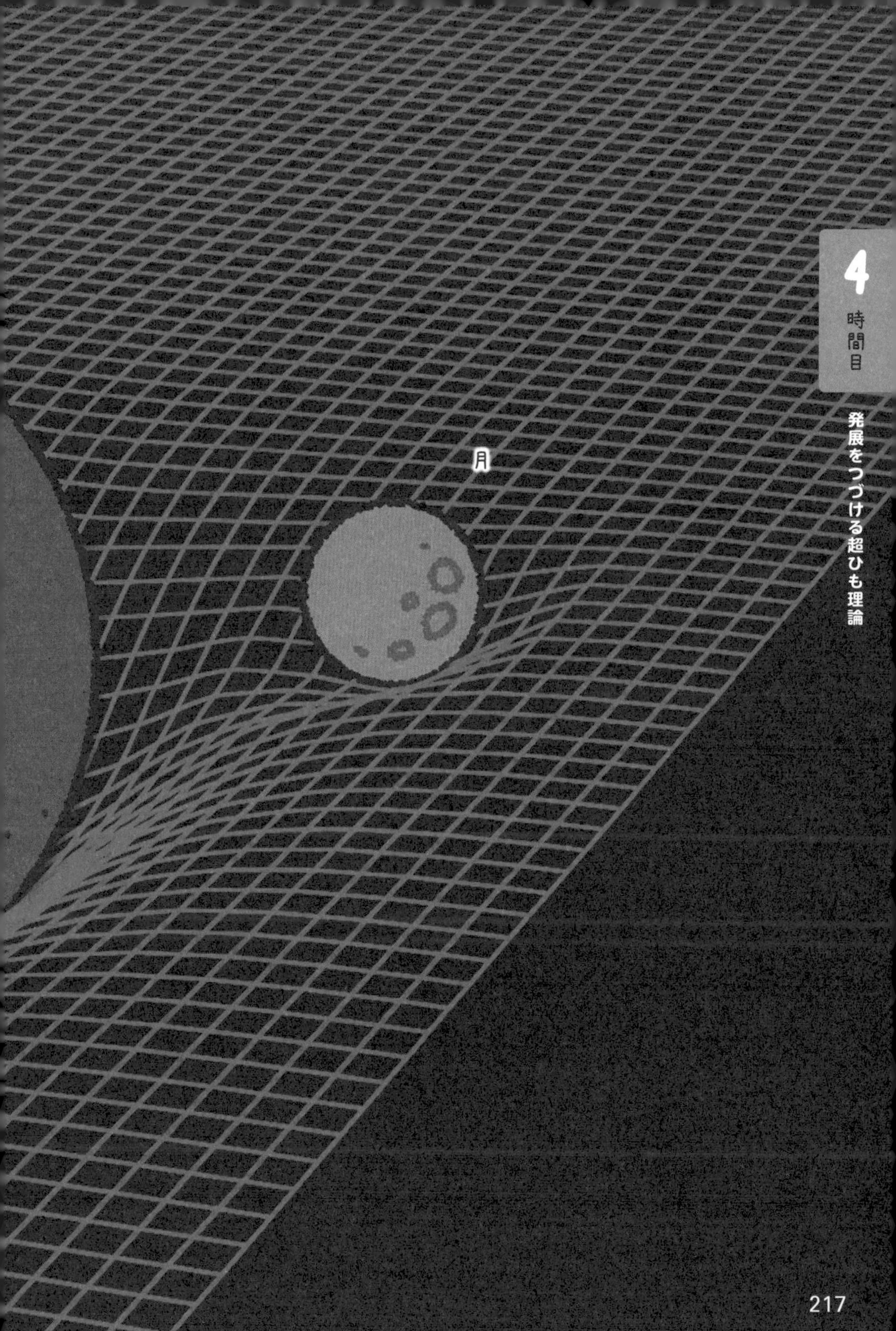
月

はい。ゆがんでいますよ。

たとえば，地球が太陽のまわりを回るのは，地球のまわりの空間が湾曲しているからだと考えられます。

地球はまっすぐ進もうとしているのに，空間が曲がっているから，進路が曲がってしまうんです。

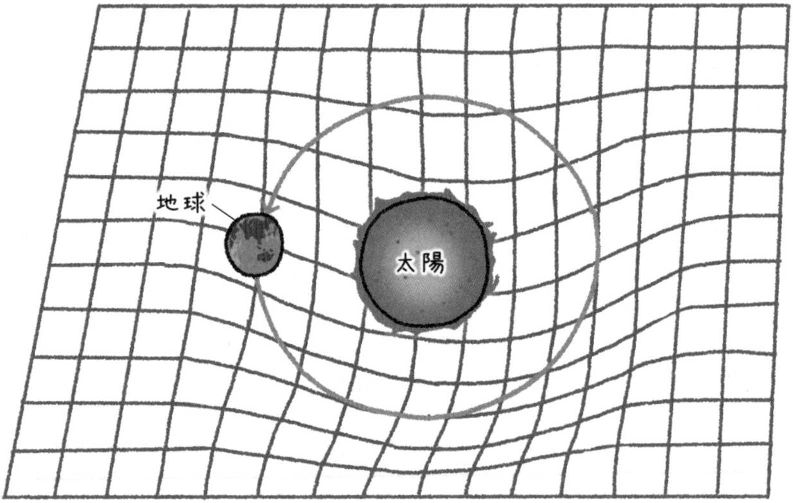

惑星の公転は，ビー玉がすり鉢状のくぼみの斜面を回りつづけるのに似ています。くぼみを回るビー玉は，摩擦によって勢いを弱めて底に落ちてしまいます。しかし真空中を進む惑星はさえぎるものがないので，太陽の周囲を回りつづけることができるのです。

じゃあ，私の体重は60キロですけど，私のまわりの空間もゆがんでいるんでしょうか？

もちろん私も，あなたのまわりの空間もゆがんでいますよ。

へーっ。
空間のゆがみなんて感じたことありませんでした。不思議ですね。空間のゆがみを実感することはできないんでしょうか？

人の体重くらいでは，空間のゆがみが小さすぎて，ゆがみを感じとるのは，ちょっとむずかしいでしょうね。
でも，恒星や銀河レベルの質量になると，空間のゆがみが大きくなるので，**空間のゆがみにそって光が曲げられる現象が確認できます。**

光は空間のゆがみによって進路が変わるんですか!?

はい。そうなんです。
この現象は，重力源が，レンズのように光の進路を曲げることから，**重力レンズ効果**といいます。

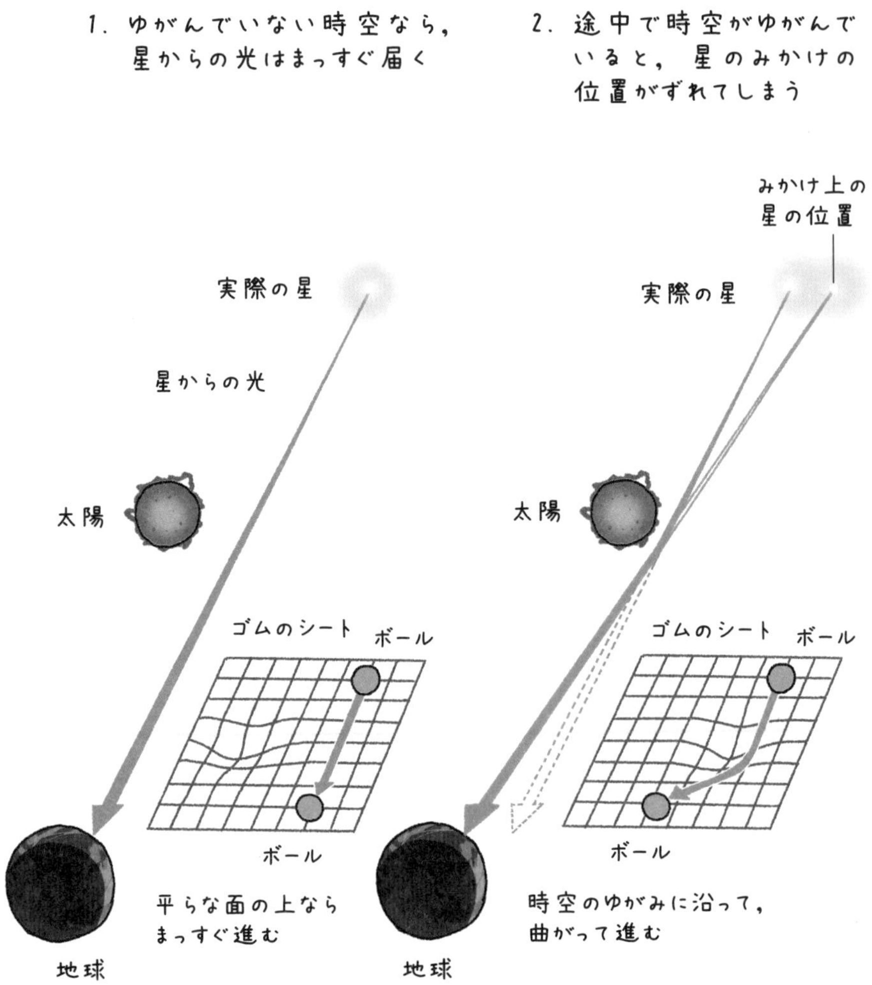
1. ゆがんでいない時空なら、
星からの光はまっすぐ届く
2. 途中で時空がゆがんでいると、星のみかけの位置がずれてしまう
実際の星
星からの光
太陽
ゴムのシート
ボール
ボール
平らな面の上なら
まっすぐ進む
地球
みかけ上の
星の位置
実際の星
太陽
ゴムのシート
ボール
ボール
時空のゆがみに沿って、
曲がって進む
地球

さらに！
一般相対性理論では，空間と時間は切りはなせないものだと考えます。ですから，**質量をもつ物体のまわりでは，空間といっしょに，時間の進み方もゆがんでしまうと考えられます。**つまり，重力が強い場所ほど，時間がゆっくり進むんです。

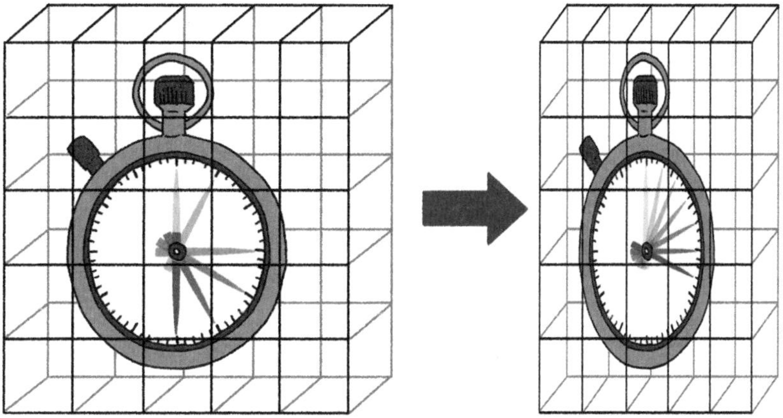

時間がゆっくり進む！？

アンチエイジング!?

フフフ。たとえば，**地球の重力は，標高が高くなるほど，わずかに小さくなっていきます。つまり，標高が高いほど，時間の進みが早くなると予測されるんです。**
実際に，地表と標高634メートルの東京スカイツリーの展望台で時間の進み方を比較したところ，1日あたり10億分の4秒ほど，時間の進み方にズレがあることが確認されています。

時間旅行ができる!?

すごい！
早速スカイツリーに行ってきます！

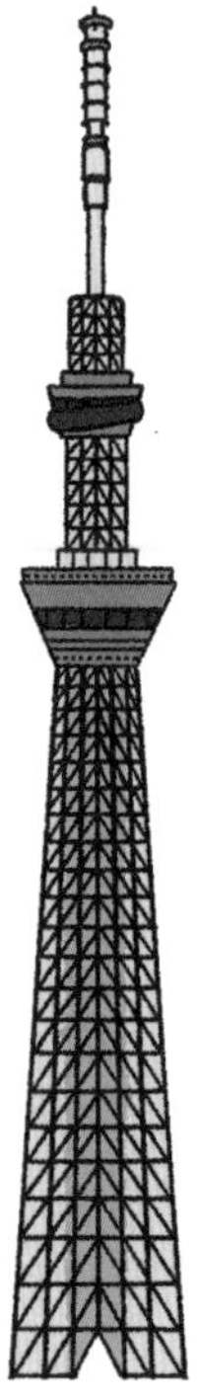

まぁ1日に10億分の4秒のズレなんて，とても知覚できるような時間じゃないと思いますけど……。
もっともっと大きな重力の差がないと，時間の進み方のちがいは，ごくごくわずかしかありません。

そうですか……。

ともかく，一般相対性理論は，天体のような大きな規模をあつかう理論ということです。

ミクロな世界では，すべてがゆらいでいる

では，**量子論**は，どういう理論なんでしょう？

量子論は，原子や素粒子などの振る舞いを説明する，**ミクロな世界**の物理学の理論です。標準理論も量子論がベースとなっています。
そして量子論では，**ミクロな世界では「あらゆるものがゆらいでいる」と考えます。**

ゆらいでいる？

はい。電子や光子などは，一つしかなくても，複数の状態を同時にとることができるんです。つまり，**位置や速度（より正確には運動量）は，同時に一つの値に決めることができず，必ず値がゆらいでしまうんです。**

へえー……，電子や光子はどこにあるのか，はっきりしないんですね。

ええ，その通りです。
ミクロな世界では，すべてがゆらぐ。これが量子論の重要な基本原則です。

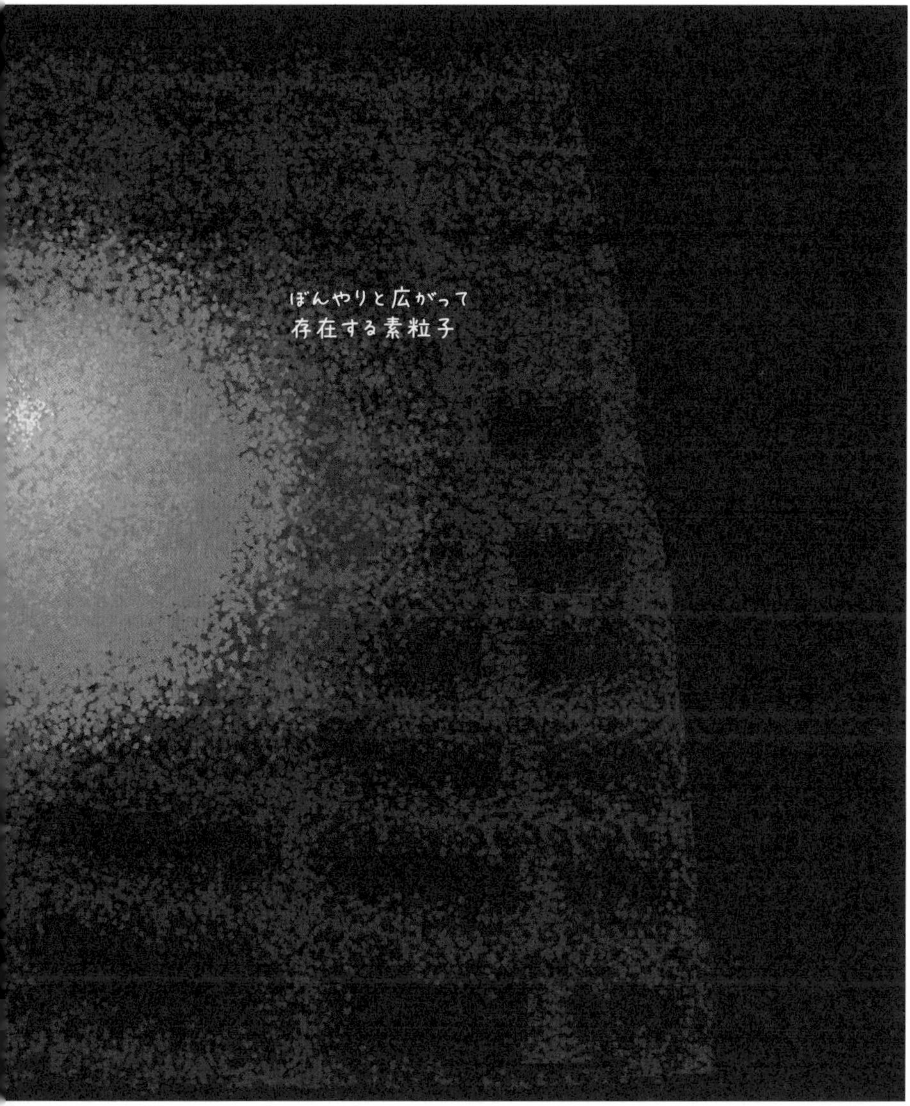

それから，たとえば原子を絵にえがくとき，原子核のまわりに電子の球が飛んでいるようすであらわすことがありますね。1時間目にもそんなイメージを使いました。
でも量子論に基づくと，**電子はゆらいでいて，原子核のまわりをぼんやりと雲のように取り巻いている状態になります。**一つの電子が，雲のように広い範囲に同時に共存しているわけです。

不思議な原子の姿ですね。

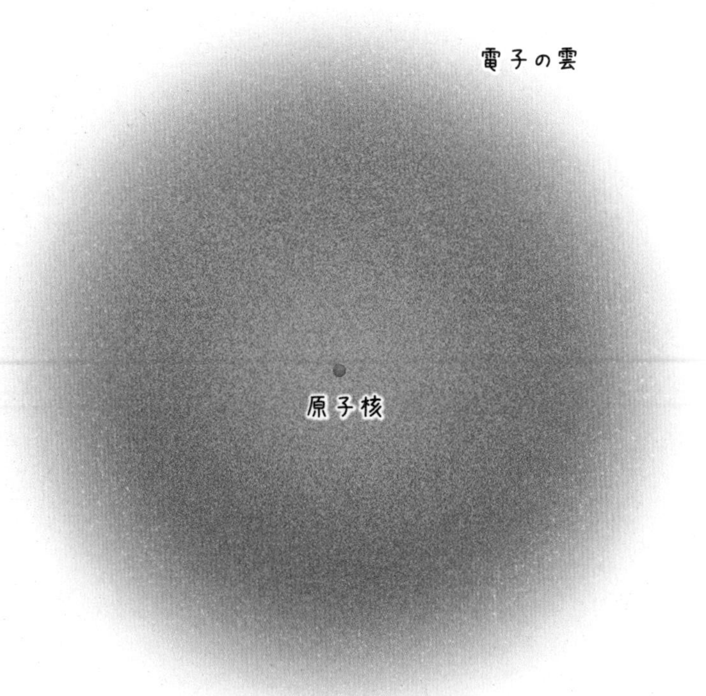

さらにさらに，ミクロな素粒子の世界では，素粒子の数さえゆらいでしまいます。そのため，**何もない空間で，素粒子の発生と消滅がつねにおきていることになります。**

ミクロの世界では，あらゆるものがゆらいでいる。何もない空間で，**発生と消滅がつねにおきている……。**

真空から，粒子と反粒子がペアで生まれて（対生成），そして，ペアが出合うことで消えてしまうと考えられています（対消滅）。

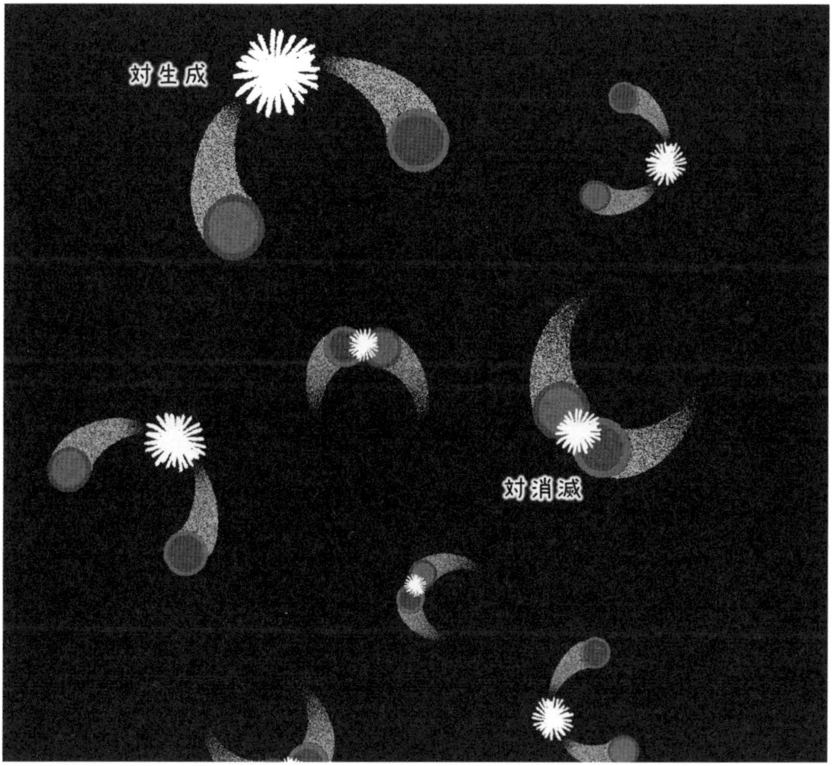

超ひも理論で，力を統一！

一般相対性理論は，宇宙規模のマクロな世界の物理法則で，量子論はミクロな世界の物理法則です。ちょうど下のイラストのような具合です。**両者はそれぞれの守備範囲においては，非常に有効な理論です。**

10^{-18}メートルやら，10^{26}メートルやら，それぞれの守備範囲のちがい，尋常じゃありませんね。

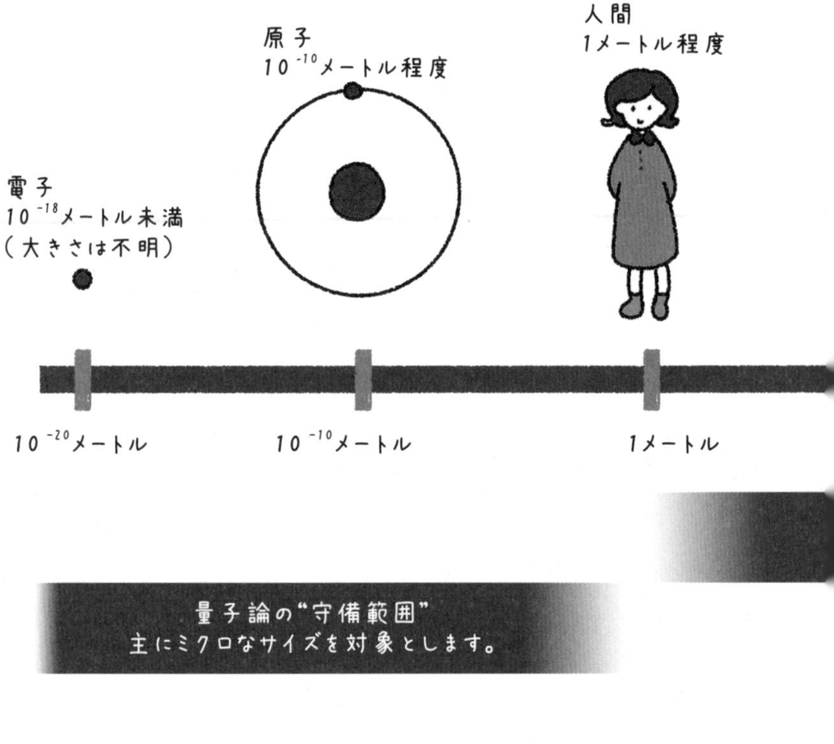

はい。

そこで，一般相対性理論と量子論を同時にあつかおうとすると，問題が生じます。

というのも，ミクロな世界で重力を考えると，空間のゆがみまでもゆらいでしまいます。すると，計算結果に無限大が出てきて，計算不能に陥ってしまうんです。

2時間目で見たように，重力にはくりこみ理論を使うことができず，無限大の問題を回避できなかったのです。

重力だけ，うまく処理できないのですね。

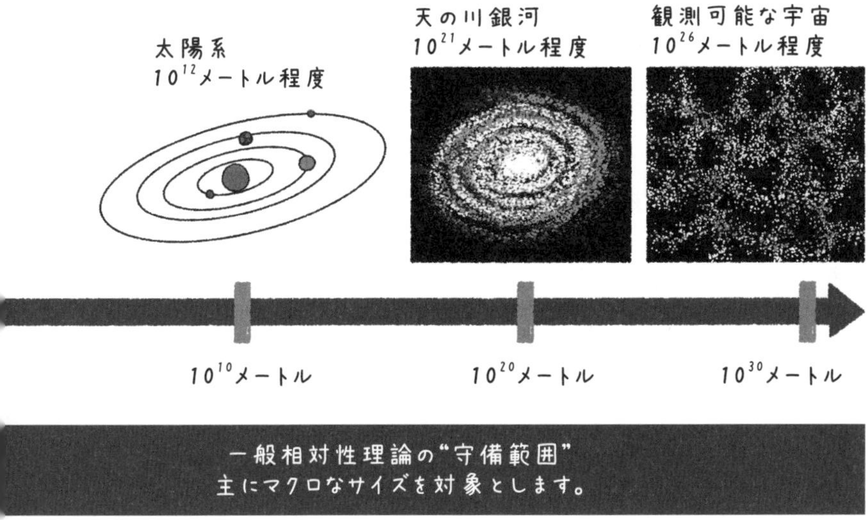

はい。
そこで，**超ひも理論**の登場です！
超ひも理論では，重力子を大きさのある輪っか状のひもだと考えることで，無限大の問題をうまく回避できました。
重力子をひもと考えることで，超ひも理論が，**一般相対性理論と量子論の統合を実現する，究極の理論の最有力候補に躍り出たのです。**

よっしゃー！

宇宙誕生時，四つの力は一つだった

四つの力の統一は，**宇宙論**とも密接に関係しています。
宇宙誕生直後，四つの力は区別できなかったと考えられています。それが，**時間がたつのにともない，枝分かれし，最終的に四つの力が生まれたと考えられています。**

元は1種類の力だった？

はい。その通りです。
超高温・超高密度のものすごく初期の宇宙では，四つの力は一つだったと考えられているんです！

誕生直後の宇宙

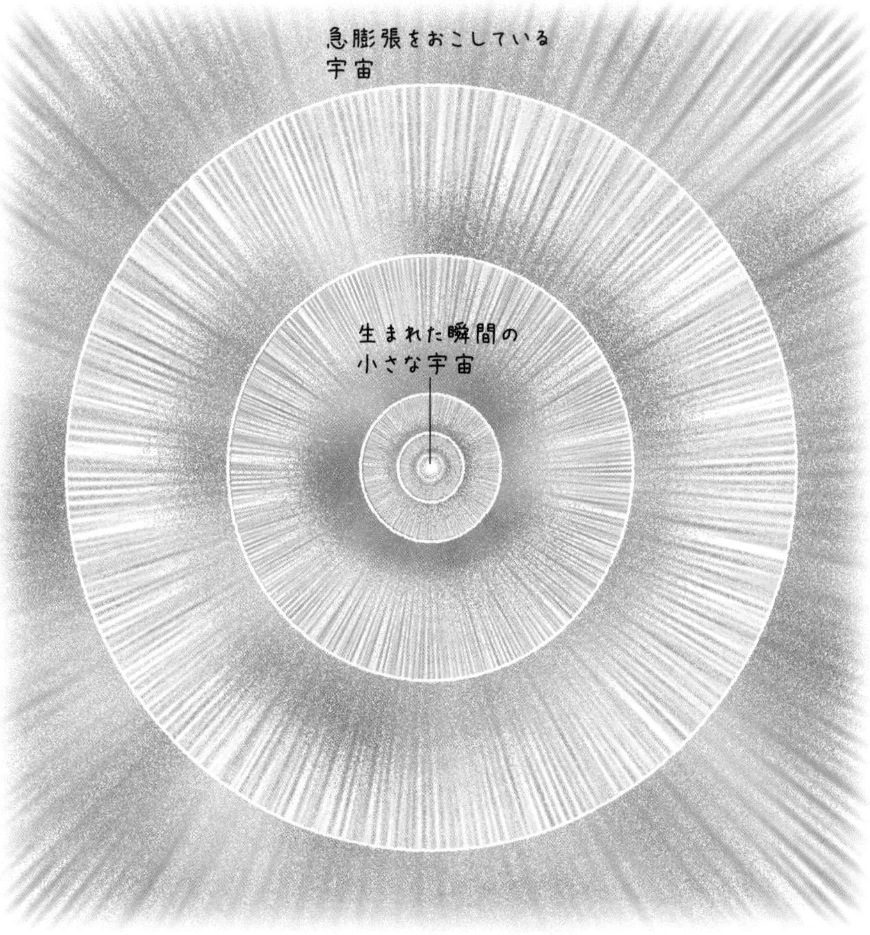

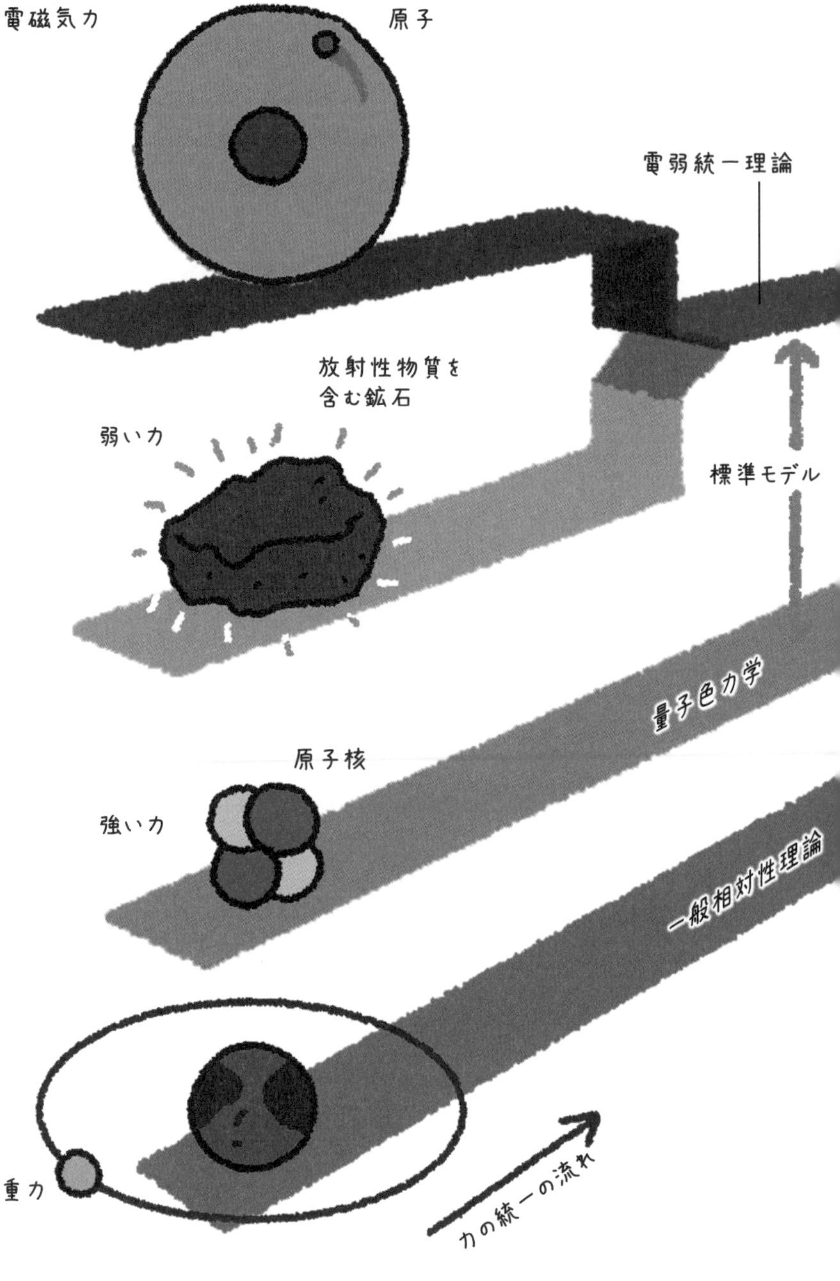
電磁気力
原子
電弱統一理論
放射性物質を
含む鉱石
弱い力
標準モデル
量子色力学
原子核
強い力
一般相対性理論
重力
力の統一の流れ

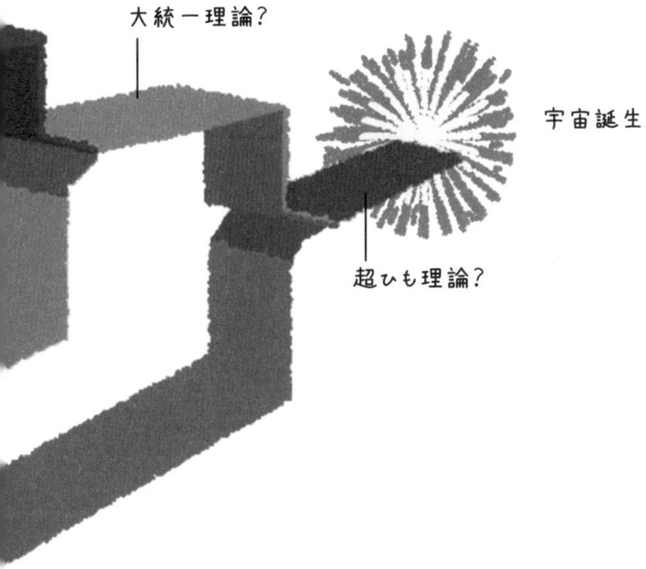

宇宙誕生直後の1種類の力から，まず**重力**が分岐し，次に**強い力**，最後に**弱い力**と**電磁気力**が分岐したと考えられています。
そして力の統一理論の研究は，力の分岐を逆にたどるような形で進んできました。

まず，電磁気力と弱い力を統一する**電弱統一理論**が1967年に完成しました。
素粒子物理学の基盤となっている**標準理論**は，この電弱統一理論に加えて，強い力の理論である量子色力学などからなる理論です。
また，今，電弱統一理論と強い力をまとめた**大統一理論**の研究も進んでいます。
そして，四つの力すべてを統一的に理解する，究極の理論の候補として期待を集めているのが，**超ひも理論**なのです！

超ひも理論は，**力の統一の旅の終着点**なのかもしれないんですね！

はい。超ひも理論が完成すれば，ミクロな素粒子の世界から，広大な宇宙にいたるまで，**あらゆる現象の根本原理を説明できると期待されています。**宇宙のはじまりから終わりまでを説明できる**究極の物理理論**となることでしょう！

磁
重
弱
強

偉人伝❸

物理学を一変させた，アルバート・アインシュタイン

アルバート・アインシュタインは1879年，ドイツのウルムに生まれました。子供のころのアインシュタインは，ひとり遊びが好きで，友達とはあまり遊ばなかったようです。数学に興味をもつようになり，16歳までに微分と積分を独学で勉強しました。

奇跡の年がおとずれた

1895年，アインシュタインは，チューリッヒにあるスイス連邦工科大学を受験しました。数学と自然科学の成績はよかったものの，言語や歴史の成績が悪かったため，試験は不合格でした。その翌年に再度受験し，無事合格します。大学では電気工学と物理学を学びました。

大学卒業後は特許局に勤めました。仕事のかたわらに，研究に打ち込みました。そして1905年，物理学を一変させる理論「特殊相対性理論」を発表します。これは時間の進み方や空間の長さは，人や物に応じてのび縮みすることを明らかにした理論です。特殊相対性理論によると，高速で移動している人の時間は遅くなり，さらに空間が縮むことになります。

アインシュタインが1905年に発表した革命的な論文はこれだけではありませんでした。ノーベル賞の受賞理由となった「光粒子仮説」や，「ブラウン運動の理論」など，5本の論文をたてつづけに発表したのです。1905年は，「奇跡の年」とよばれています。

さらに1915～1916年には，特殊相対性理論を発展させて，

「一般相対性理論」を完成させました。これは，重力が時空（時間と空間）のゆがみによって生じると考える理論です。

そのほかにもアインシュタインは，宇宙論や量子力学などの研究にも取り組みました。そしてある時期から，重力と電磁気力を統一する「統一理論」の研究に没頭しはじめますが，結局それを成し遂げることはかないませんでした。

平和活動を推進

1933年，ナチスのユダヤ人弾圧がはじまったため，アインシュタインは，ドイツを出国し，アメリカに亡命します。そしてナチスの脅威を背景に，アメリカ大統領に原子爆弾の開発を進言する手紙に署名しました。

戦後，手紙に署名したことをアインシュタインはひどく後悔し，軍縮を訴えるなど，平和活動を行いました。1955年4月11日，哲学者ラッセルとともに核兵器廃絶を訴える宣言に署名します。そしてその月の18日，アインシュタインは76歳で心臓病のため死去しました。

STEP 2

超ひも理論で，宇宙を解き明かす

超ひも理論が完成すれば，宇宙のはじまりや終わりを解明できると期待されています。さらに超ひも理論によると，宇宙は無数に存在するのかもしれません。

宇宙は点からはじまった

超ひも理論が完成したら，宇宙のはじまりから終わりまで解き明かすことができるんですか？

はい。そのように期待されています。
現在の標準理論では，量子論と相対性理論の両方が必要なミクロな世界で重力がものすごく強くなる状況について，解き明かすことができません。
しかし，超ひも理論なら，そんな世界さえも解き明かすことができるんです。

ミクロな世界で重力がものすごく強くなる状況とは？

その代表例が，**宇宙のはじまり**です。

どういうことですか!?

はい。超ひも理論を使えば，宇宙がどのようにはじまったのかさえも解き明かすことができるかもしれないのです。
まず，宇宙の誕生について，少し考えてみましょうね。
「宇宙は膨張している」。そんな話を聞いたことはありませんか？

テレビの科学番組で見たことあります。でも，それって本当なんですか？　そもそも宇宙が膨張しているなんて，なぜわかるんでしょうか？

はい。**宇宙膨張**を発見したのは，アメリカの天文学者，**エドウィン・ハッブル**や，ベルギーの天文学者，**ジョルジュ・ルメートル**です。
1920年代後半，ルメートルは理論計算から，ハッブルは天文観測の結果から，宇宙膨張を予言したんです。たとえばハッブルは，宇宙に散らばった銀河の観測結果などを分析して，**ほとんどの銀河が地球から遠ざかっていることを見出しました。**しかも地球から遠い銀河ほど速い速度で遠ざかっていたのです。

銀河が遠ざかっている？

はい。これこそ，宇宙空間が膨張している証拠だったんです。地球から見て，**銀河が遠ざかって見えていたのは，空間が膨張し，銀河の間の距離がのびていたためだった**というわけです。

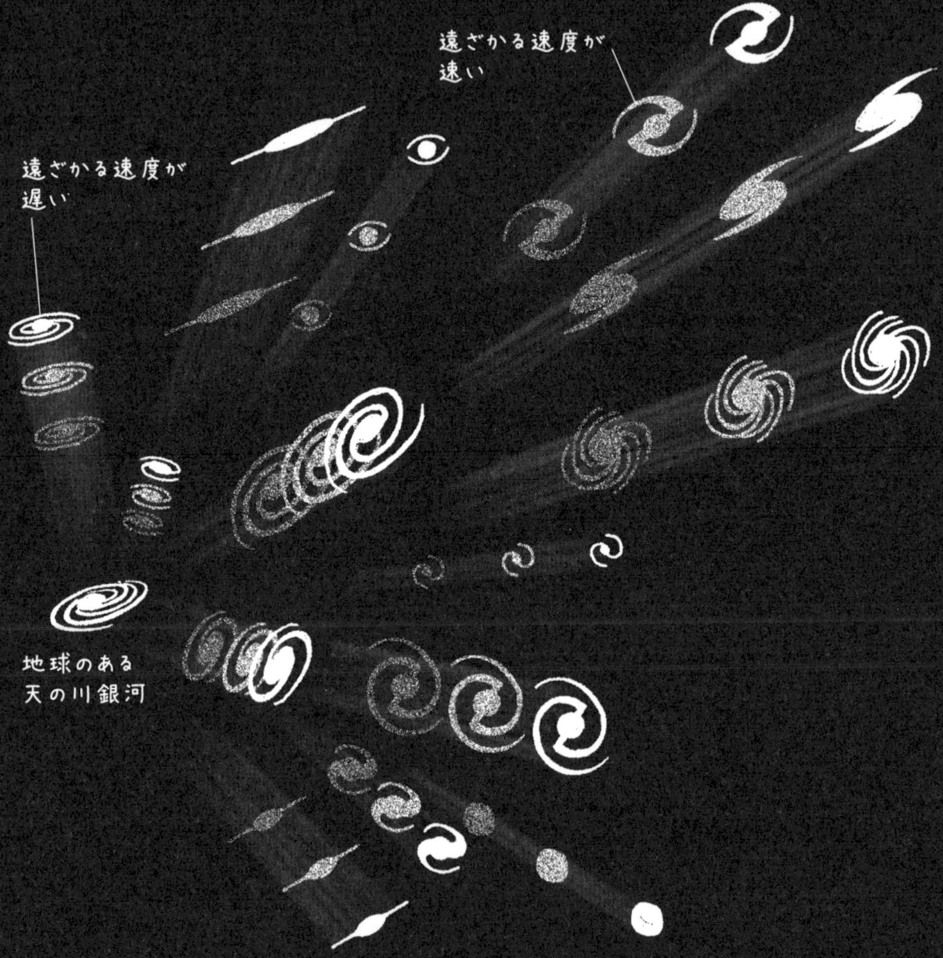
遠ざかる速度が
速い
遠ざかる速度が
遅い
地球のある
天の川銀河

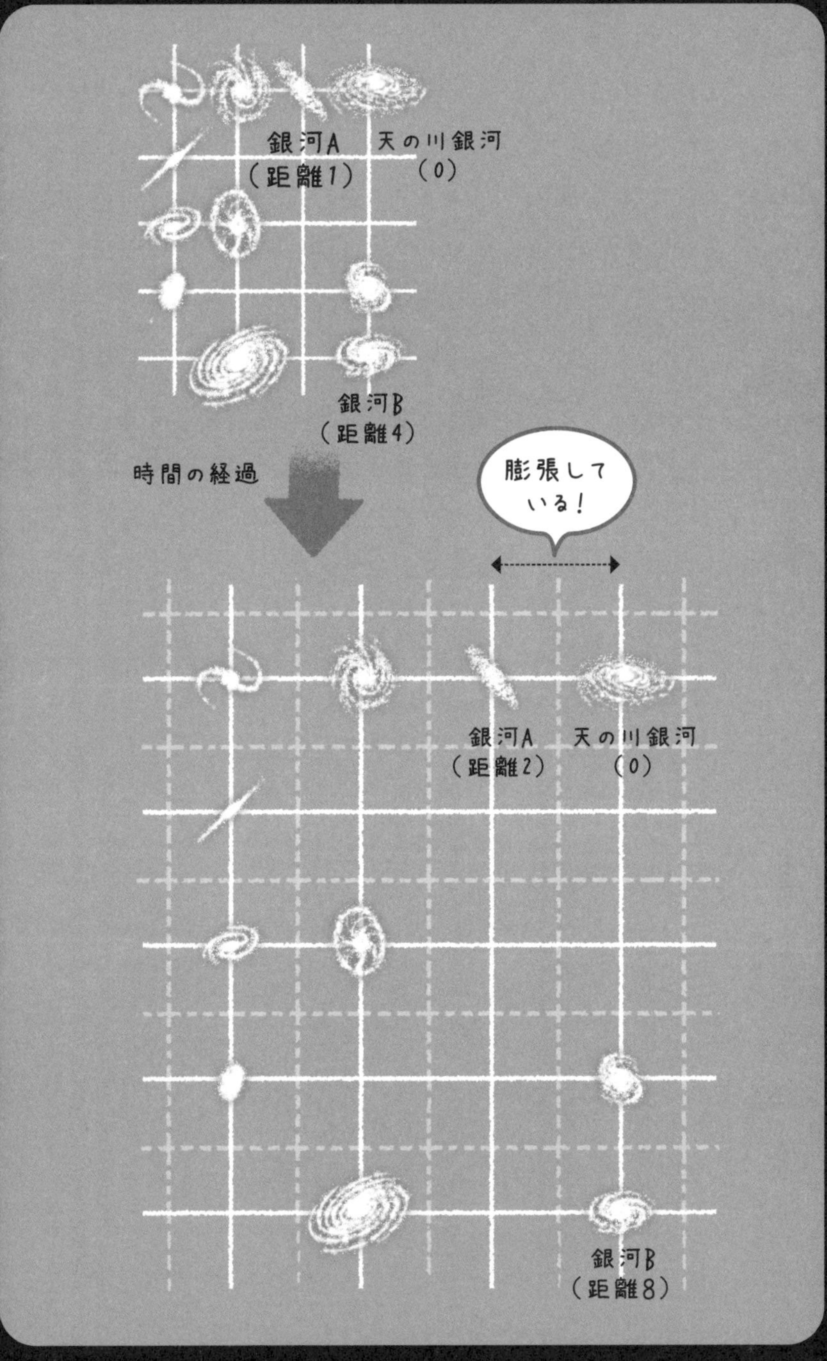
銀河A
(距離1)
天の川銀河
(0)
銀河B
(距離4)
時間の経過
膨張している!
銀河A
(距離2)
天の川銀河
(0)
銀河B
(距離8)

なるほど～。ふくらんでいく宇宙空間とともに銀河がどんどん遠ざかってしまっている，というわけですか。

多くの科学者はこの考えを受け入れ，やがて**「宇宙は時間が経つにつれて，徐々に大きくふくらんでいる」**という宇宙観が，科学者たちの主流になりました。

時間が経つほど宇宙は大きくなる……。ということは，昔の宇宙はもっと小さかったということですか？

いいところに気づきました！
そうなんです！　宇宙が膨張しているということは，逆にいうと，**過去にさかのぼるほど宇宙は小さく，銀河は密集していたことになります。**ですから，ずっと過去にさかのぼっていけば，どこかの時点で宇宙全体が１点につぶれ，それ以上過去にさかのぼることができなくなります。
この時点が宇宙のはじまりだと考えられています。

宇宙のはじまり！　いったいそれはいつごろなのでしょうか？

今からおよそ138億年前だと考えられています。
つまり，宇宙は138億年前に小さな点からはじまったということなんです。

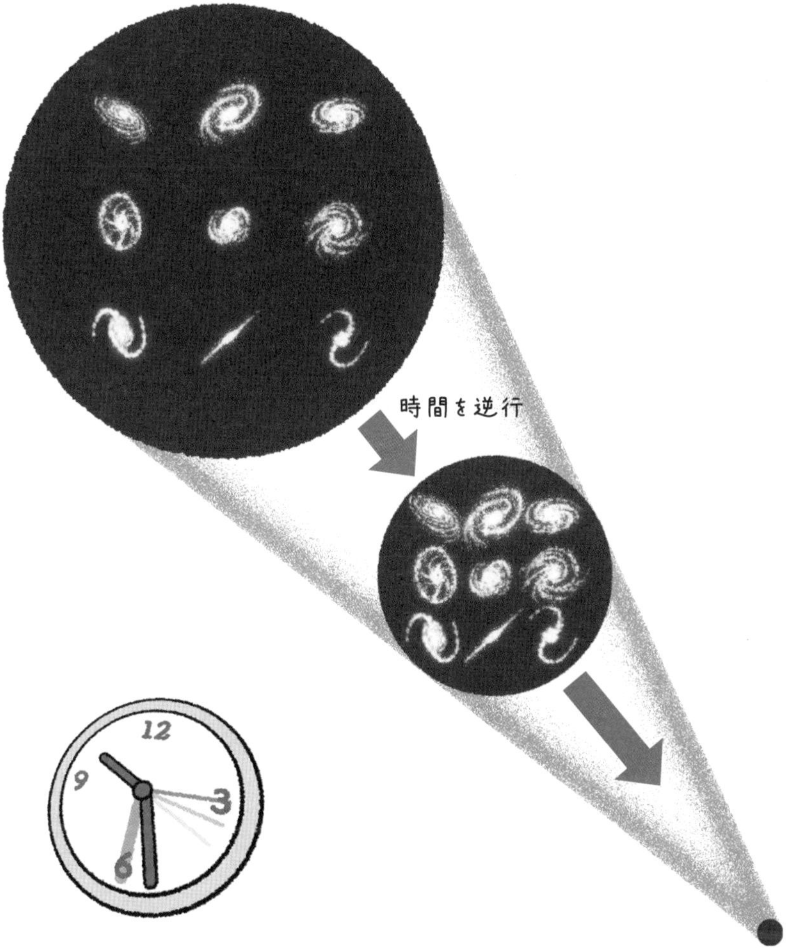

宇宙のはじまりは，点！まさにマクロとミクロですね。

超ひも理論で，宇宙のはじまりを計算できるかもしれない

誕生したころの宇宙は，どういうようすだったんでしょうか？

誕生直後の宇宙は，**とってもせまい空間に素粒子がぎゅうぎゅうにつめこまれ，高密度な状態で存在していた**と考えられています。
また，当時はきわめて高温だったようです。

密集してますね。

素粒子が高密度に存在する，ということは，そこに質量が大きいものがあるのと同じですから，強い重力が生じます。
つまり，ミクロな世界に強い重力がはたらいている状況というわけです。

でも，標準理論では，この状況の計算ができない。

そうなんです。だから，宇宙誕生直後というのは，標準理論では解き明かすことができない。

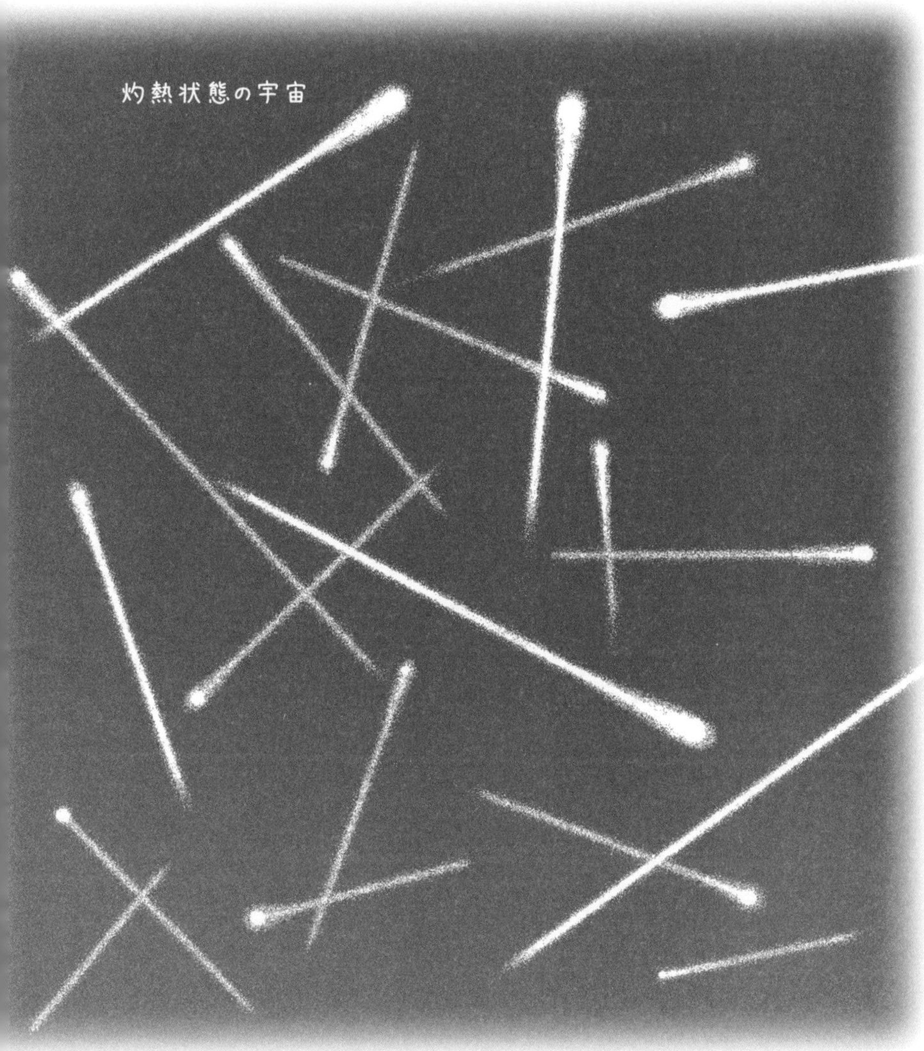
灼熱状態の宇宙

超ひも理論の出番ですね！

はい！　超ひも理論なら，量子論が必要な，すっごい小さな空間ではたらく重力でさえも計算できる可能性があります。つまり超ひも理論で宇宙のはじまりにせまることができるかもしれないわけです。
宇宙誕生時には，物質をつくる素粒子（ひも）と，力を伝える素粒子（ひも）が高密度に存在する混沌とした状況だったと考えられています。

うわー，いったいどんな反応が起きてるんだ？

宇宙誕生直後の混沌とした状況で，素粒子がたがいにどんな影響をあたえ合っていたのかを，すべての種類の素粒子について計算できるのも，超ひも理論だけなのです！

超ひも理論，すげー。

宇宙のはじまりがわかれば，さらに**宇宙の終わり**についても情報が得られるでしょう。
宇宙が今後も膨張をつづけるのか，はたまた止まって縮みはじめるのかは，まだわかっていません。
宇宙のはじまりを知ることは，将来，仮に宇宙が縮みはじめて，最終的に**小さな点**になったときの状況を知ることにもつながります。

はじまりを知るということは，終わりを知ることにもなるのか。知りたいような，知りたくないような……。

4 時間目

発展をつづける超ひも理論

ビッグバンは，ブレーンの衝突でおきた!?

超ひも理論が予言する宇宙についてのおもしろい仮説を紹介しましょう。それは**私たちの住む宇宙と別の宇宙が存在するという考え方です。**

別の宇宙！？

はい。2時間目に紹介した，ブレーンワールド仮説を思いだしてください。
この仮説では，私たちがいる3次元空間は，高次元空間に浮かぶ一つのブレーンだと考えます。

膜のようなものだって考え方ですね。

はい，そうです。そして，実は高次元空間には，私たちがいる3次元空間以外のブレーンが浮かんでいる可能性も考えられます。つまり，**高次元空間には，複数のブレーンが浮かんでいるんです。一つ一つのブレーンを一つの宇宙とみなせば，私たちの宇宙のほかにもたくさんの宇宙が存在することになります。**

宇宙はすごく広いのに，それがたくさんあるってことですか!?

はい。そうなんです。
私たちの宇宙とは別の宇宙を「**並行宇宙**」などとよぶことがあります。

SFのようですね！
夢みたい。本当にあるんですか？

並行宇宙はあくまでも仮想の概念です。本当に存在するかどうかは現時点ではわかっていません。

仮に並行宇宙が存在するとしたら，私たちのような**生命体**が暮らしている可能性はありますか？

その可能性は否定できません。
でもそれを確認することはほとんど不可能でしょうね。

なぜでしょうか？

それは，私たちのブレーンに含まれる物質や光はすべて開いたひもでできていると考えられているため，ブレーンにくっついていて，別のブレーンにとどくことはないからなんです。
つまり別のブレーンからの情報は決して得られないんです。

残念。
でも，重力は閉じたひもだから，別なブレーンに行けるんですよね？

たしかに重力を伝える重力子だけは，閉じたひもですから，ブレーン間を伝わることができると考えられますが，重力の作用はきわめて弱いので，検出するのはむずかしいでしょうね。

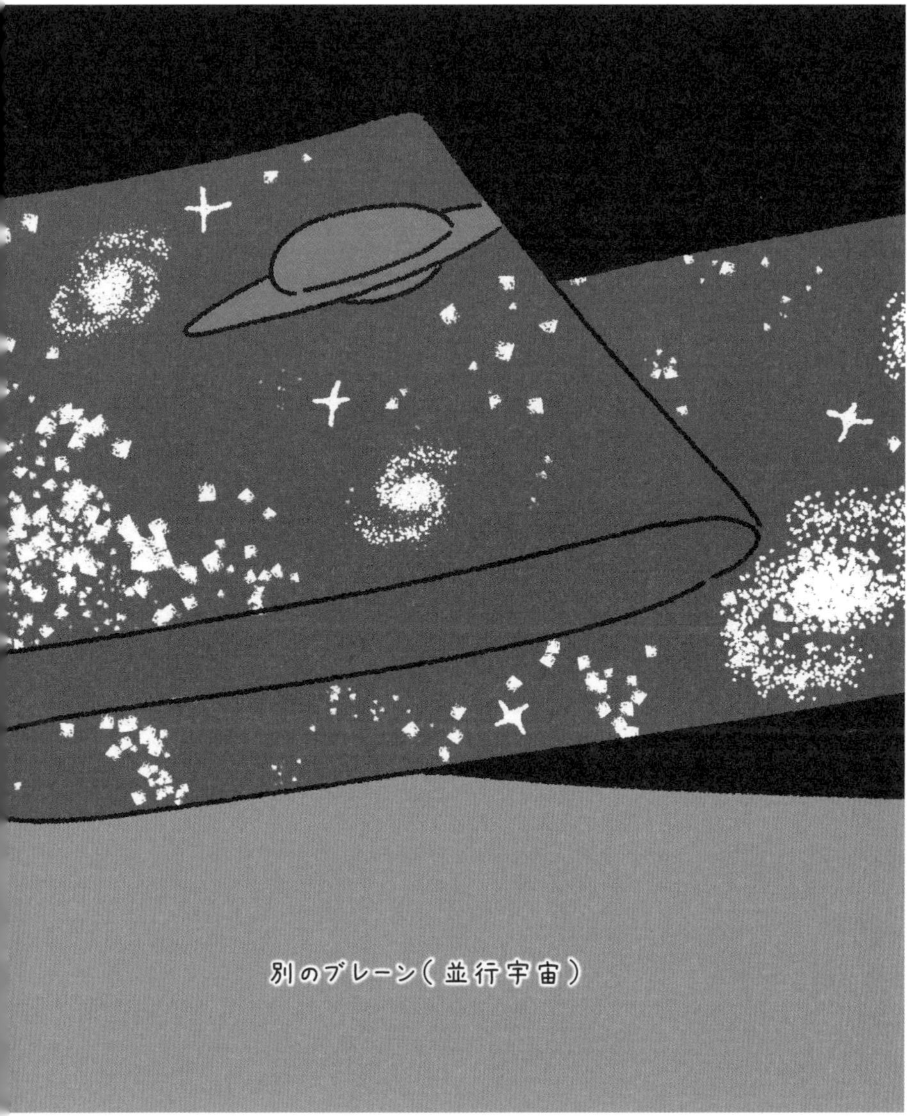

私たちのブレーンと，別のブレーンがぶつかったりするようなことはないんですか？

複数のブレーンは重力によって引き寄せあうので，両者が衝突することもありえますね。

えっ！　衝突するとどうなるんですか？

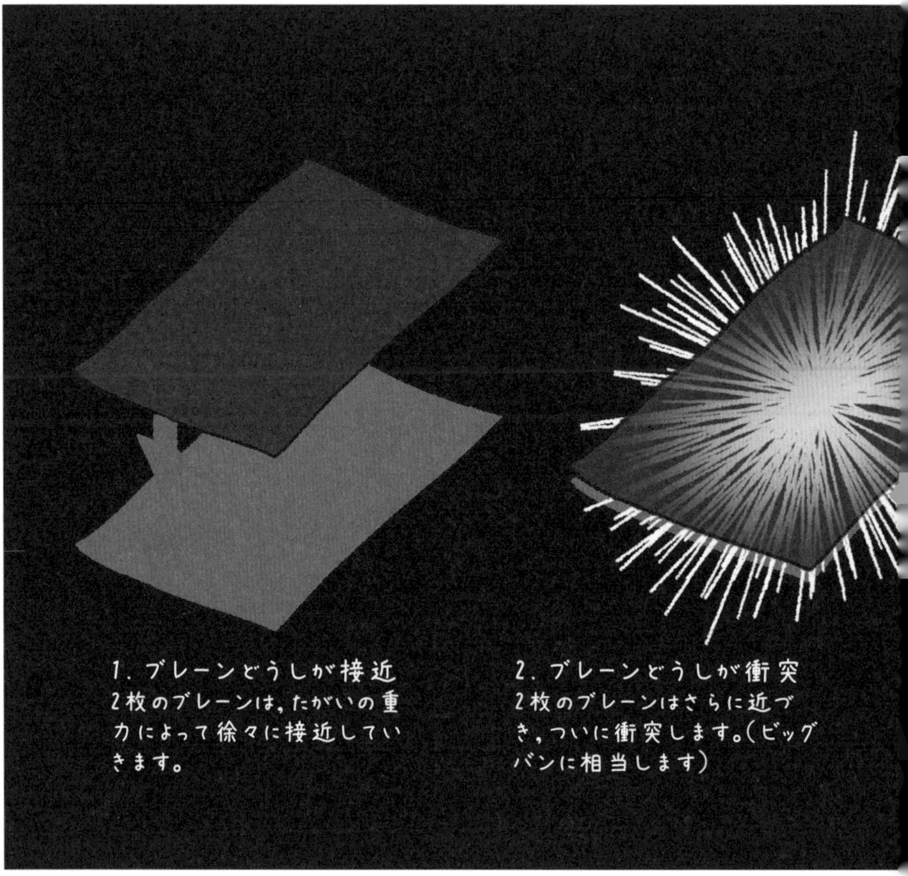

1．ブレーンどうしが接近
2枚のブレーンは，たがいの重力によって徐々に接近していきます。

2．ブレーンどうしが衝突
2枚のブレーンはさらに近づき，ついに衝突します。（ビッグバンに相当します）

エキピロティック宇宙論という，ブレーンの衝突に関するおもしろい仮説があります。
この理論では，2枚のブレーンが衝突すると，ブレーンは，素粒子に満ちた高温・高密度の灼熱状態となるといいます。
この状態が，私たちの宇宙のはじまりとされるビッグバン（高温・高密度の火の玉宇宙）だと考えられるのです。
つまり，**私たちの宇宙の誕生をもたらしたビッグバンは，ブレーンの衝突によっておきたというんです。**

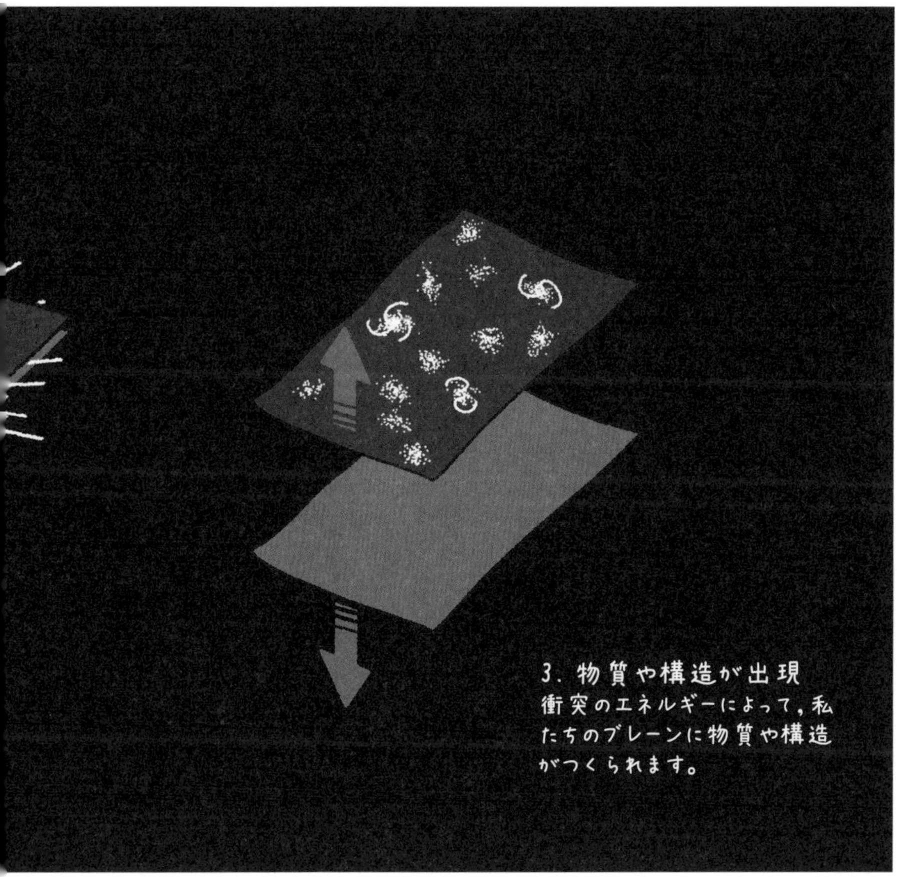

宇宙誕生のきっかけは，ブレーンの衝突!?

ええ，2枚のブレーンの衝突のエネルギーによって，私たちのブレーンに物質や構造がつくられました。
その後，二つのブレーンは遠ざかっていきます。

宇宙の誕生には，こんな不思議な考え方もあるんですね。

さらに時がたつと，二つのブレーンは再び引き寄せあって衝突し，再度ビッグバンがおきる，というモデルもあります。つまり，このモデルによると**宇宙は衝突による終焉と再生を繰り返すというのです。**

宇宙は，生まれ変わる……？

でも，これらのモデルはあくまでも研究中の仮説です。
今後の研究の進展が待たれます。

ブレーンを想定すると，**まったく新しい宇宙像**を考えることができるんですね。

超ひも理論は，無数の宇宙を予測する！

ここまでブレーンワールド仮説にもとづいて，一つの高次元空間の中に，私たちとは別の宇宙（ブレーン）が存在している可能性について，紹介しました。
でも，そもそも超ひも理論では，私たちの住む宇宙と別の宇宙が，まったく別の高次元空間にある可能性も考えられています。
なんと，無数の宇宙が存在する可能性があるんです。

宇宙が，む，無数にある!?

あくまで可能性です。
私たちの宇宙には，電子の質量（9.1×10^{-31}キログラム）や重力の強さ（万有引力定数）など，さまざまな定数（決まった数）があります。それらは物理定数といって，物理法則のなかで変わることのない，普遍的な数なのです。
しかし，それらの定数がなぜその値になるのか，その理由ははっきりしていません。
超ひも理論で理由まで解明できればおもしろいのですが，それがうまくいってません。

定数がなぜその数なのか，よくわからないんですね。

そこで近年，さまざまな物理定数や物理法則は，**宇宙誕生時に，“偶然”今の値に決まったのではないか，という見方が主流になってきています。**

偶然ですか。

超ひも理論に基づいて計算すると，**物理定数や物理法則が成立するパターンは，少なくとも10^{500}通りもあると考えられるんです。**
その中で，私たちの宇宙の物理法則は，生命の存在にきわめて都合のよい値になっている，と考えられています。

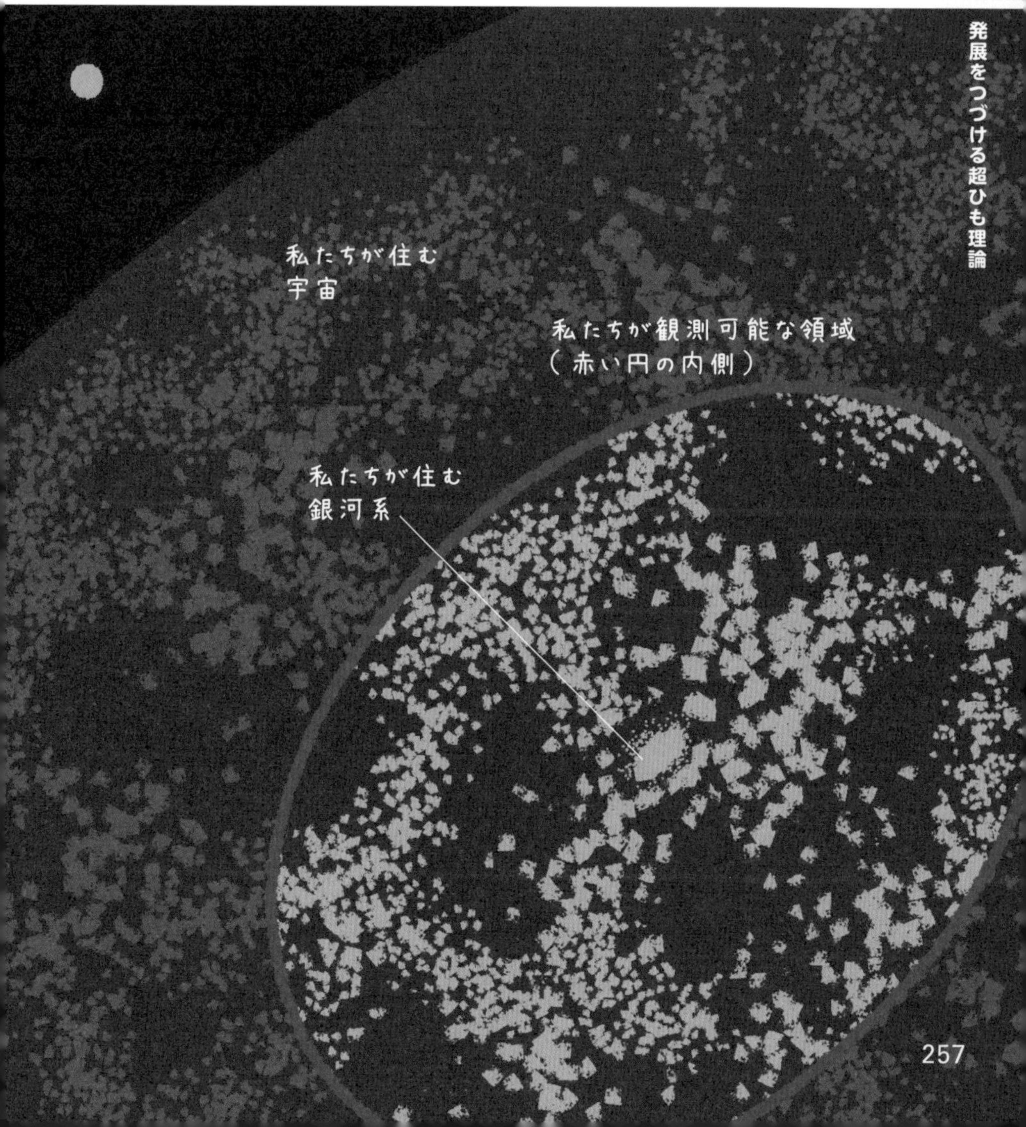

10^{500}通り!? 500通りじゃなく……？

そうなんです。もし，私たちの宇宙の物理定数が今の値からほんの少しでもずれると，生命は誕生できないことになります。
たとえば，陽子や中性子を形づくっている強い力の強さがほんの少しことなっていただけで，多様な元素は生まれなかったと考えられるんです。

そ，それじゃあ，私たちの宇宙は，10^{500}通りもある物理法則の組み合わせの中から，生命に都合のよい設定を，**“偶然”引き当てた**ってことですか？　ちょっと，話ができすぎなような……。

ええ，そんなことは宝くじの1等が当たるよりも圧倒的に低い確率で，都合がよすぎます。**そこで近年，注目を集めているのが，宇宙は無数に存在する，という考え方です。**
仮に物理法則がことなる宇宙が10^{500}個程度あるとすれば，その中に一つくらいは，生命誕生に都合のよい物理法則をもつ宇宙が存在するのではないか，という発想です。

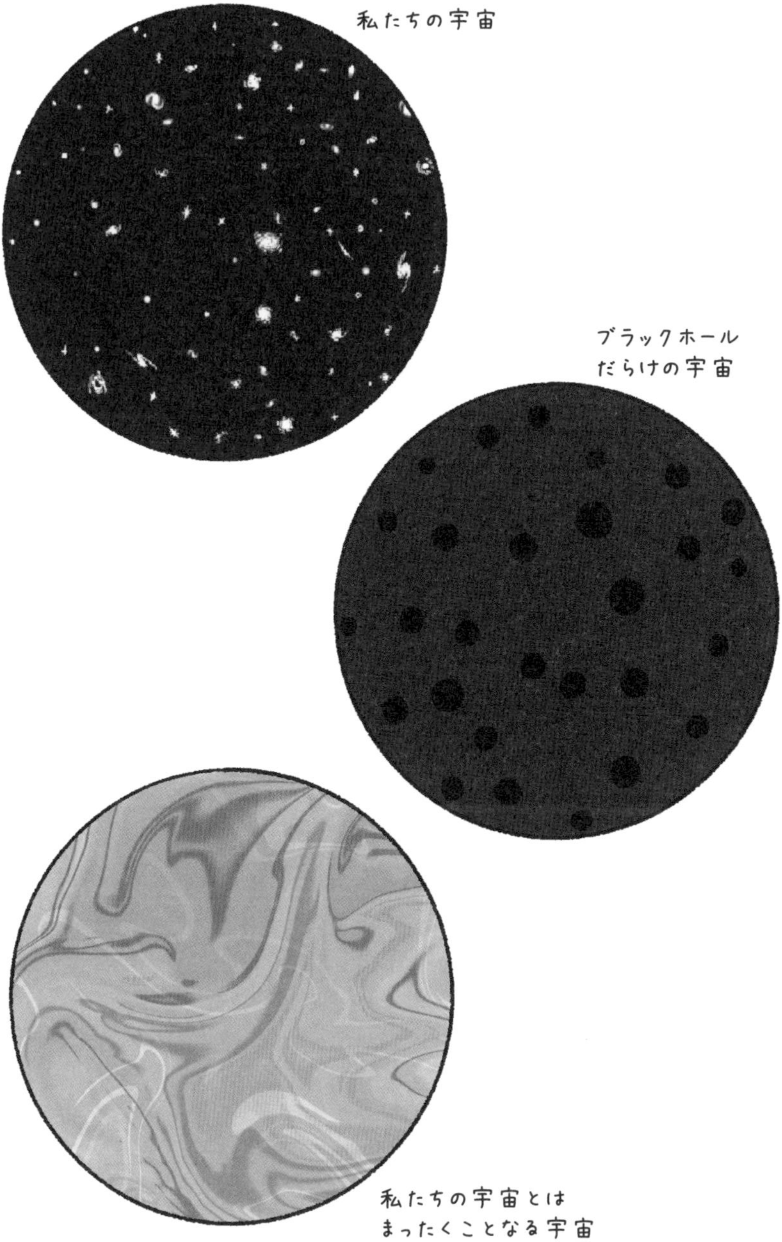
私たちの宇宙
ブラックホールだらけの宇宙
私たちの宇宙とはまったくことなる宇宙

なるほど。 無数の宇宙か……。ほかに，どんな宇宙があるんだろう。気になりますね。

ただし，先ほどもお話ししましたけど，残念ながら別の宇宙は，基本的に観測不能だと考えられています。ブレーンワールド仮説における別の宇宙とちがって，この場合の別の宇宙は，高次元空間でもつながっておらず，**どんな方法でも連絡をとることができないと考えられています。**
物理法則は本当に10^{500}もあり得るのか，そして，宇宙は本当に無数に存在するのか—。これらの謎を解決するためには，超ひも理論や宇宙論のさらなる研究が必要です。

ブラックホールの中だって，超ひも理論でわかる！

別の宇宙に思いをはせるのはここまでにして，私たちの宇宙に戻ってきましょう。
超ひも理論によって，宇宙のどんな謎が解き明かされそうか，どんどん見ていきますよ。

はい。

ブラックホールはご存じですか？

なんでも吸い込んでしまうという，**謎の天体**ですね。

はい。**超ひも理論は，ブラックホールについての謎も解明できると期待されています。**
ブラックホールは強大な重力をもつ天体です。なんでものみこんでしまい，ひとたび中に吸いこまれると，光さえも抜け出すことはできません。

ひぇー！
そんなもの，本当に宇宙にあるんでしょうか？

アインシュタインの一般相対性理論から，その存在が予言され，その後，実際に存在することが確認されました。私たちの住む天の川銀河にも，数百万個ものブラックホールがあると考えられているんですよ。

ブラックホールが数百万個!?
こ，こわい。

ブラックホールがつくる
時空の曲がり

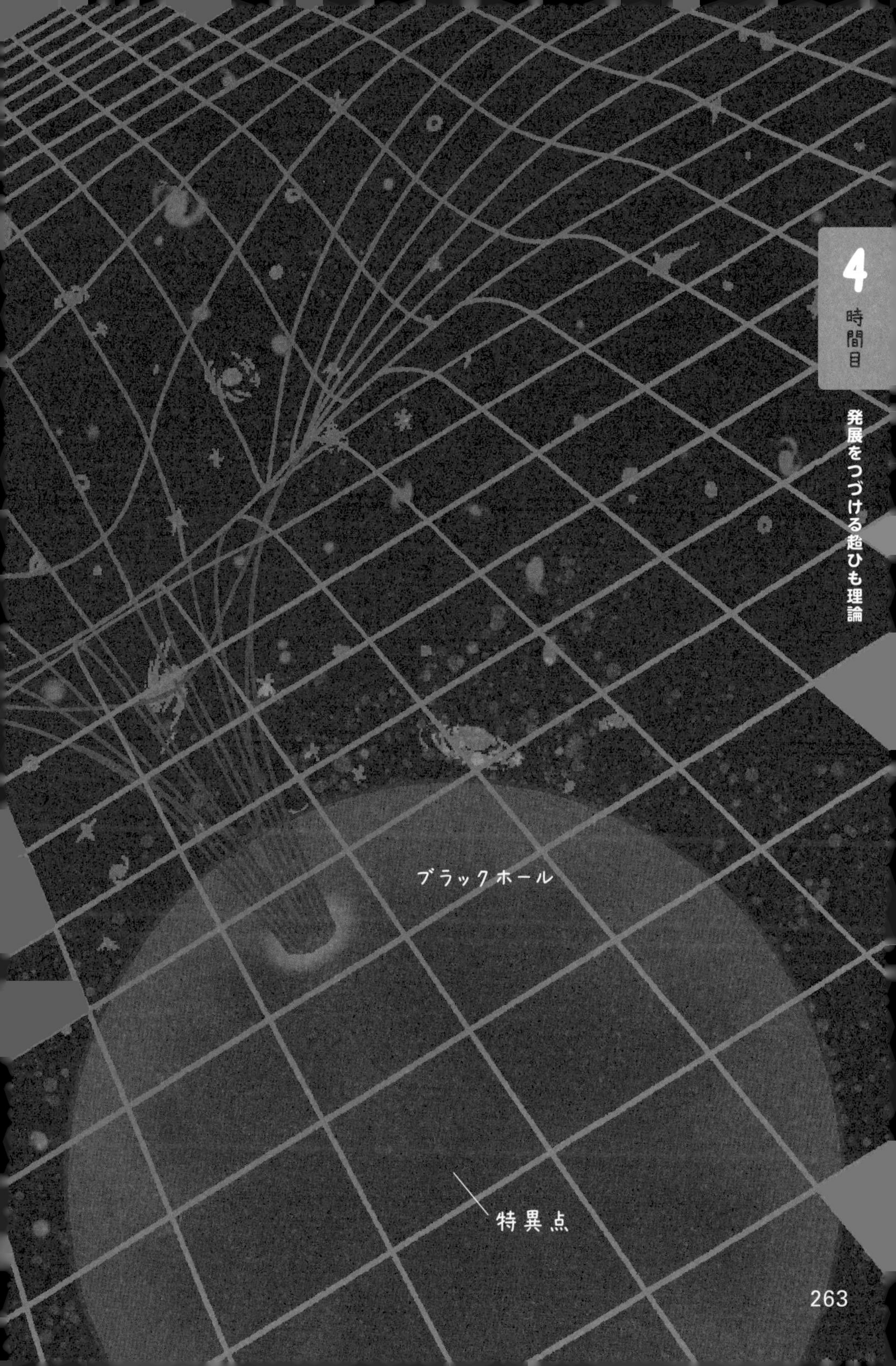
ブラックホール
特異点

ブラックホールは，重い恒星がその生涯を終える際に，自らの重力で1点につぶれることで誕生すると考えられています。
ブラックホールの中心にある，重力が集まった点を**特異点**といいます。

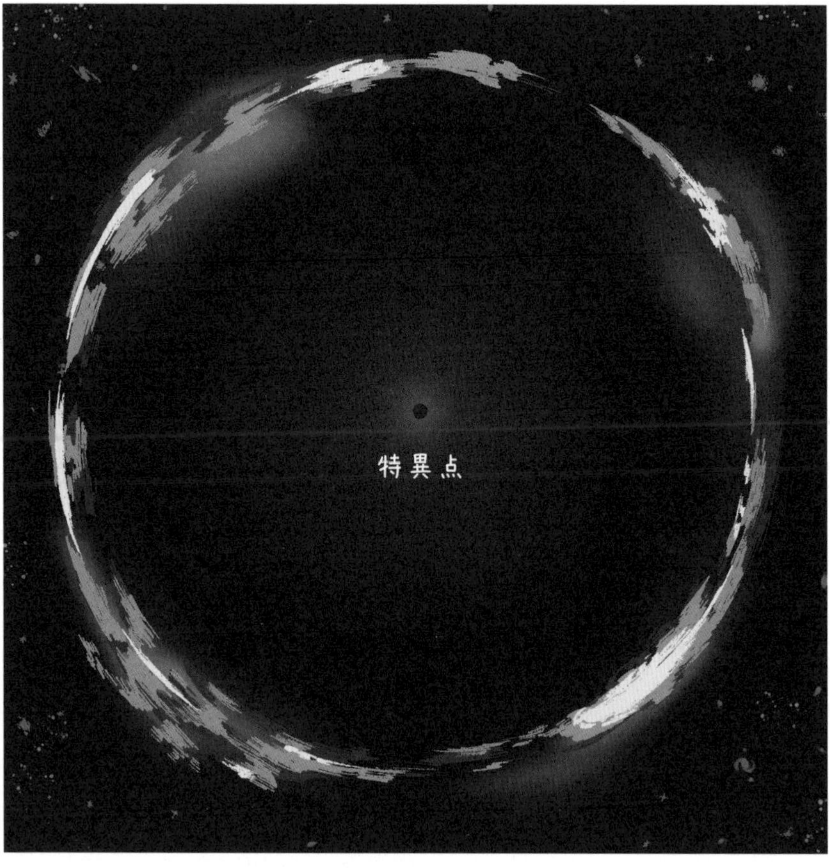

ブラックホールに吸いこまれると，どうなるんでしょうか？

ブラックホールに吸いこまれた物質は，特異点まで落ちていきます。しかし，現在の物理学では，特異点に落ちた物質がどうなるのか，実際のところよくわかっていないんです。
というのも，**特異点というのは，ミクロの1点に強い重力が集まった場所です。すなわち，量子論と相対性理論を融合した理論が必要なわけです。**

ということは，**超ひも理論の出番！**

はい！
ブラックホールに落ちこんだ物質がどうなるのか？　ブラックホールの特異点の性質を解き明かすにも，超ひも理論の研究の進展が期待されています。

謎の物質「ダークマター」の正体を解き明かす

もう一つ，現代物理学が直面している宇宙の大きな謎の一つに「ダークマター」があります。

ダークマター？

ダークマターとは，宇宙に大量に存在する，目には見えない謎の物質です。暗黒物質ともいわれます。
我々のまわりにある通常の物質の5倍以上も多く存在しているようなのですが，その正体は謎に包まれているんです。

見えないのに，なぜダークマターがあると考えられるんですか？

天体の運動を調べると，その運動に影響をあたえている重力の源を知ることができます。そして，**そこに何かがあるように見えないのに，なんらかの重力源が存在するとしか考えられない例が多数見つかっているんです。**その重力源がダークマターということなんです。
ダークマターは銀河をおおうようにして分布していると考えられています。

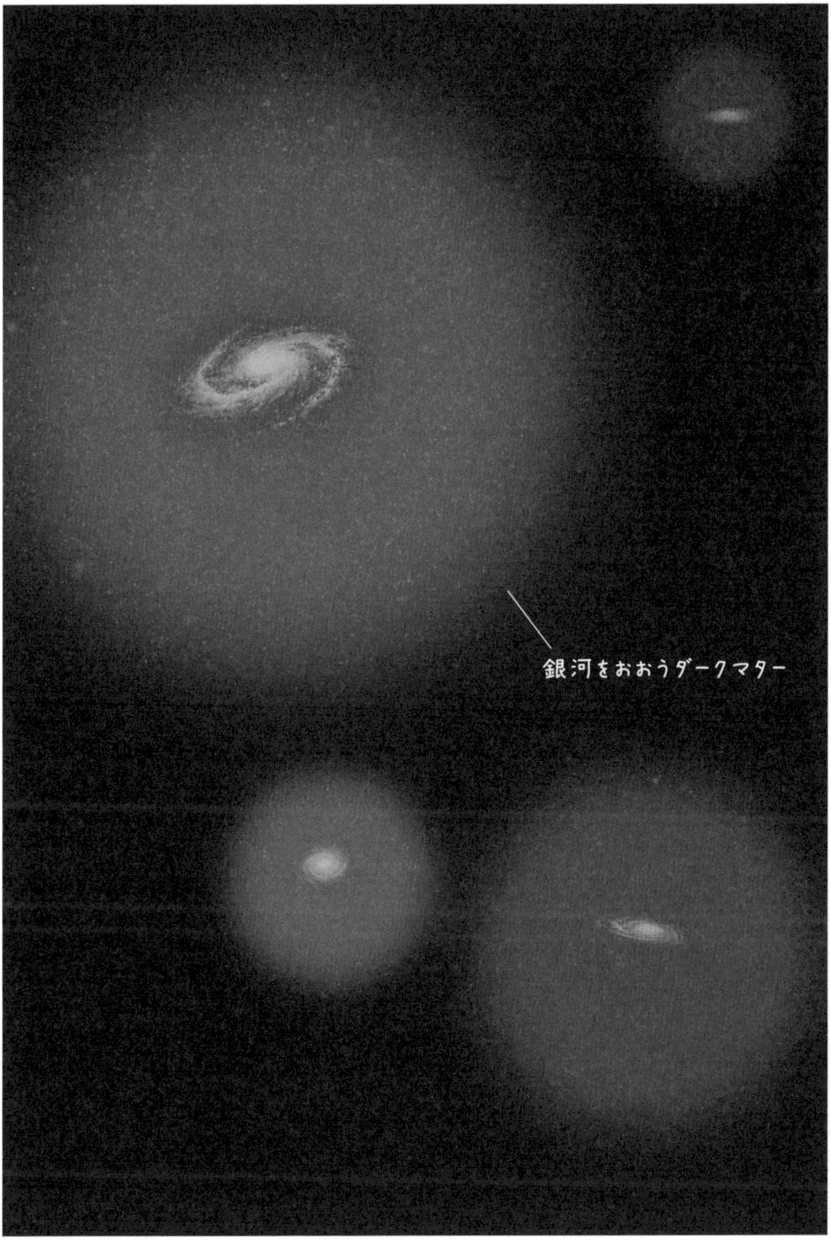
銀河をおおうダークマター

どんな物質なのでしょうか？

ダークマターは，通常の元素をもとにしてできた物質ではないと考えられています。

しかし，その正体は謎です。

というのも，ダークマターの正体は，標準理論に組み込まれた素粒子では，説明がつかないのです。

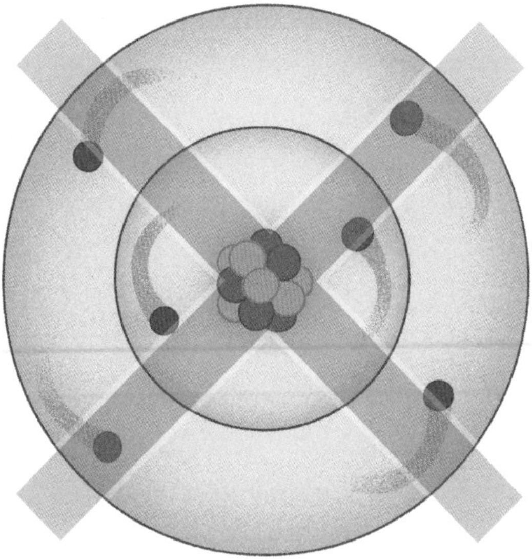

ダークマターの正体，謎ですね……。

はい。ですから，ダークマターの正体は，**未発見の素粒子**ではないかと考えられています。
超ひも理論が完成すると，その未発見の素粒子についても，その素性が明らかになる可能性があります。

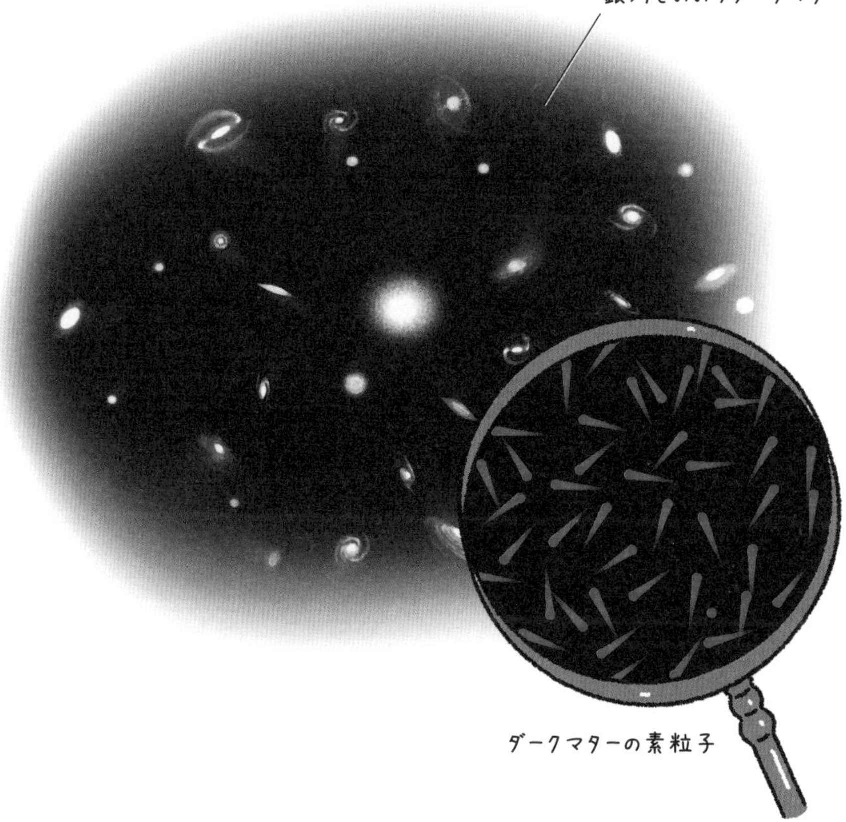

どんな素粒子がダークマターの正体なんでしょうね？

ダークマターの正体については，いくつかの候補が理論的に考えられています。それらの候補に共通する特徴は，**「見えない（電磁波を出さない）」「普通の物質をすり抜ける」「質量をもつ」**の三つです。

透明人間みたいですね！

ふふふ，そうですね。とくにダークマターの候補として有力視されているのが**「超対称性粒子」**です。

超ひも理論の「超」の由来の粒子ですね。

はい。超ひも理論が組みこんだ，超対称性という考え方から予言される粒子たちのことです。
現在明らかになっている素粒子たちと性質は似ているけれど，ボソンとフェルミオンの特徴を入れ替えたパートナー素粒子たちのことです。

超対称性粒子たちの中で**どれが有力ですか？**

最有力候補は，超対称性粒子の中で，電気的に中性で，もっとも軽いと考えられている「ニュートラリーノ」です。

1. 見えない
（電磁波を出さない）

2. 普通の物質をすり抜ける

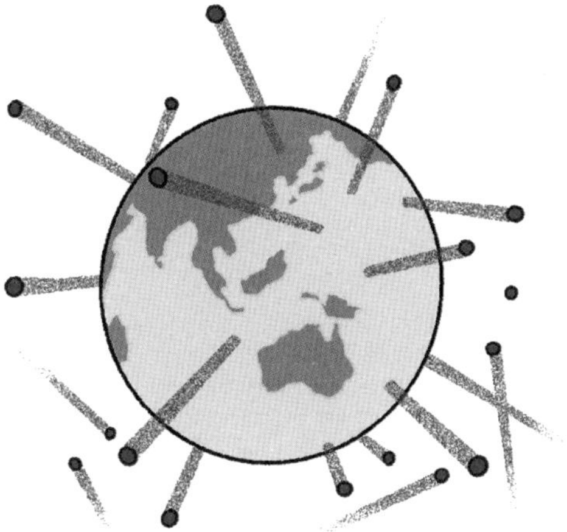

3. 質量をもつ
（宇宙全体での合計質量は，
普通の物質の5~6倍）

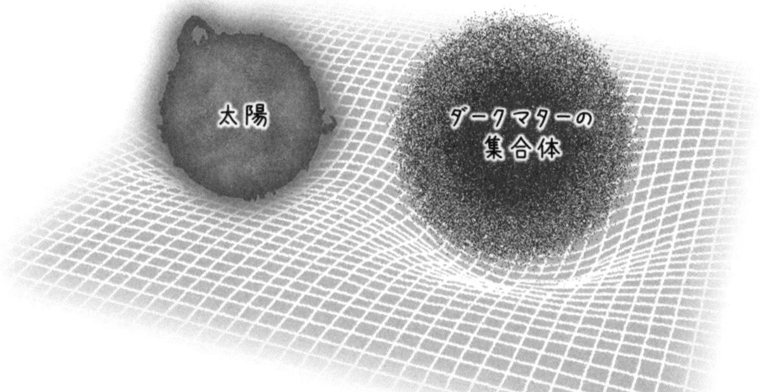

おっ！　ちゃんと有力候補がいるんですね。
そのニュートラリーノって何ですか？

ニュートラリーノとは，光子のパートナーの「**フォティーノ**」，Z粒子のパートナーの「**ジーノ**」，ヒッグス粒子のパートナーの「**ヒグシーノ**」の総称です。
ただし，ニュートラリーノを含めて，超対称性粒子はまだ見つかっておらず，本当に存在するのかよくわかっていません。

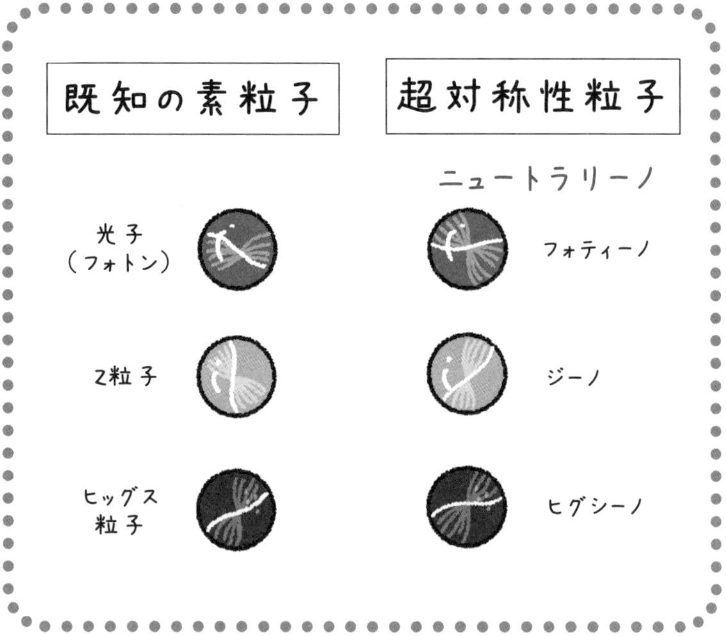

宇宙に横たわる宇宙ひも

超ひも理論のひもは，どんな実験装置を使っても見ることができないほど小さいものです。
でも，宇宙には，宇宙誕生直後につくられた長大な「宇宙ひも」が漂っている可能性があります。

宇宙ひも!? いったい何ですかそれは？

誕生直後の宇宙は，高温・高密度の灼熱の世界でした。今では考えられないような膨大なエネルギーによって，大量のひもが発生したと考えられています。そのひもがくっつき合ったりしてできたのが，宇宙ひもです。

長大って……，**どれくらい長いのですか？**

現在，**宇宙ひもはなんと，100億光年以上にも達する長さかもしれないと考えられています。**
1光年は光が1年で進む距離で，およそ**9兆5000億キロメートル**です。

ながーーっ！
超ひも理論の普通のひもは，めちゃくちゃ短いのに，宇宙ひもは逆にめちゃくちゃ長いんですね。

はい。
ただし，宇宙ひもは大きいとはいえ，望遠鏡で発見することは困難です。

その存在を確かめることはできないんですか？

間接的にならその存在を確かめることができるかもしれません。

宇宙ひもは，非常に高密度な物体だと考えられています。ですから，その重力によって空間をゆがませ，近くを通過する光を曲げてしまうんです。だから，宇宙ひもの背後にある天体の像は，二つに分裂して見えると考えられているんですよ。

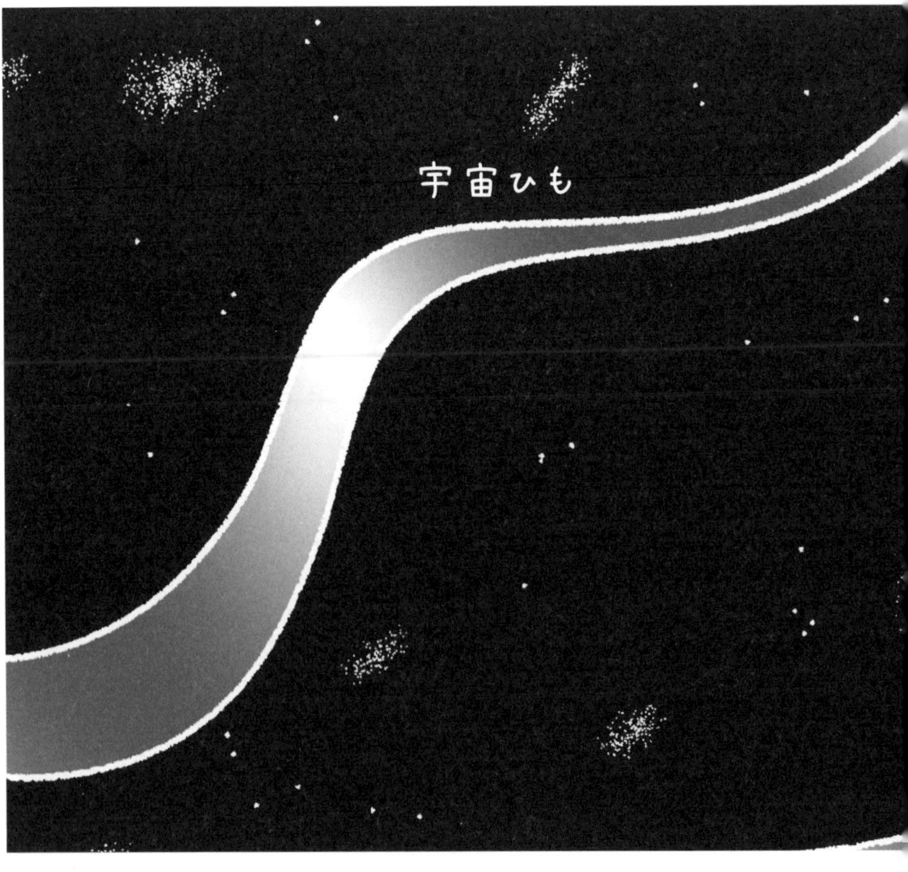

それっぽい現象は，実際に観測されていたりするんですか？

いいえ，まだ宇宙ひもの痕跡は見つかっていません。

うーん，残念。

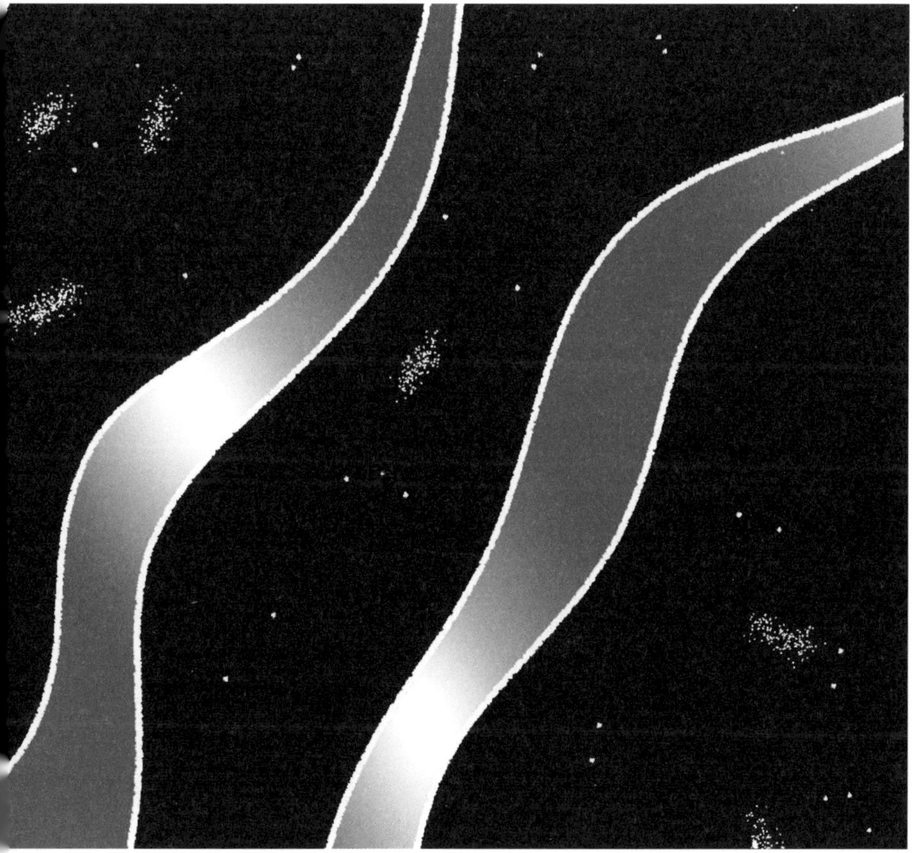

超ひも理論の研究全体から見ると，宇宙ひもの予言は，傍流の研究から出てきた話だといえます。
しかし，**宇宙ひもが見つかれば，実験による検証が困難な超ひも理論が，天文観測によって検証が可能になるのかもしれません。**

宇宙ひも，見つからないかなぁ。

偉人伝❹

宇宙膨張を発見，エドウィン・ハッブル

エドウィン・ハッブルは，1889年に，アメリカのミズーリ州で生まれました。スポーツの才能に恵まれ，中学・高校時代には，ボクシングやバスケットボールなどで活躍しました。

ハッブルは，シカゴ大学に入学し，数学や天文学などを学びます。1910年に卒業したのち，イギリス，オックスフォード大学に奨学生として留学し，法学を学びました。その後は，弁護士としてはたらきますが，天文学の道をあきらめられず，シカゴ大学のヤーキス天文台で天文学の研究に取り組むようになります。1919年，アメリカ，カリフォルニア州にあるウィルソン山天文台に移り，生涯，この天文台で過ごしました。

天の川銀河の外にも宇宙が広がっている

ハッブルは，当時の宇宙観を大きく変えてしまう発見をしています。宇宙には，ガスやちりが集まってできた「星雲」という天体があり，天文観測によって，ぼんやりと広がった雲のような姿を見ることができます。20世紀に入るまで，われわれが住む天の川銀河の外にある銀河も，天の川銀河の中の星雲だと考えられていました。天の川銀河こそ宇宙そのものだと考えられていたのです。しかし，1920年代に入ると，一部の星雲が天の川銀河と同じく巨大な星の集団ではないかという考えが起き，二つの考えの間で大論争がおきます。

そんな中ハッブルは，アンドロメダ星雲（銀河）という星雲の中に脈動型変光星という，距離をはかるための目安にな

る星を，1923～1924年の観測で見つけだします。

それを元に距離を計測したところ，天の川銀河の直径よりもずっと遠い場所にあることがわかりました。つまり，アンドロメダ星雲は，天の川銀河の中の天体ではなく，天の川銀河と同じような銀河だと判明したのです。この発見により，天の川銀河は宇宙のすべてではなく，天の川銀河の外にも宇宙が広がっていることが明らかになりました。

宇宙は膨張していた

さらに1929年，ハッブルは天文観測から，「多くの銀河は私たちから遠ざかっており，その速度は遠い銀河ほど大きく見える」ことを発見します。これは，宇宙空間が膨張していることを予言するものでした。ハッブルは，宇宙は永遠に不変だという考え方を否定し，宇宙は膨張している，という現在の宇宙観をもたらしたのです。

STEP 3

超ひも理論の証拠を探せ

超ひも理論は，究極の理論になりうるのか？　物理学者たちの挑戦は，今なお，つづいています。最後のSTEP3では，超ひも理論の証拠探しについて，紹介しましょう。

重い素粒子を探しだせ！

ここまでお話を聞いていて，超ひも理論が，**とんでもなくすごい理論**なんだということを感じています。でも，ちょっと信じられないような予言ばかりで……。

超ひも理論が本当に正しい理論かどうかは，まだわかっていません。最後のこのステップでは，**超ひも理論の証拠探し**についてお話ししましょう。

超ひも理論が本当かどうか？　ということですね。

はい。実験結果をうまく説明できて，将来おきることも予言できるような理論であれば，それは「**正しい理論**」だといえるでしょう。
しかし，超ひも理論は，すごく小さな世界の理論なので，実験による検証がなかなかむずかしいところがあるんです。

小さすぎて検証ができない？
どうすればいいんでしょうか……？

それでも，いくつか，超ひも理論を検証する方法はあります。**まず一つは，重い素粒子を見つけることです。**

重い素粒子が，超ひも理論の証拠材料になるんですか？

はい。超ひも理論では，ひもの振動がはげしいほど，素粒子の質量が大きくなります。ひもがとりうる振動状態には制限があるため，ひもの振動は段階的にはげしくなっていきます。ということは，結果的に，**素粒子の質量のふえかたが段階的である，ということになります。**

質量が段階的にふえていく……。

はい。超ひも理論では，同じような性質をもちながら，質量の2乗が2倍，3倍となるような素粒子が存在すると考えられるんです。
そのような素粒子が見つかれば，超ひも理論の強力な証拠材料になるでしょう。

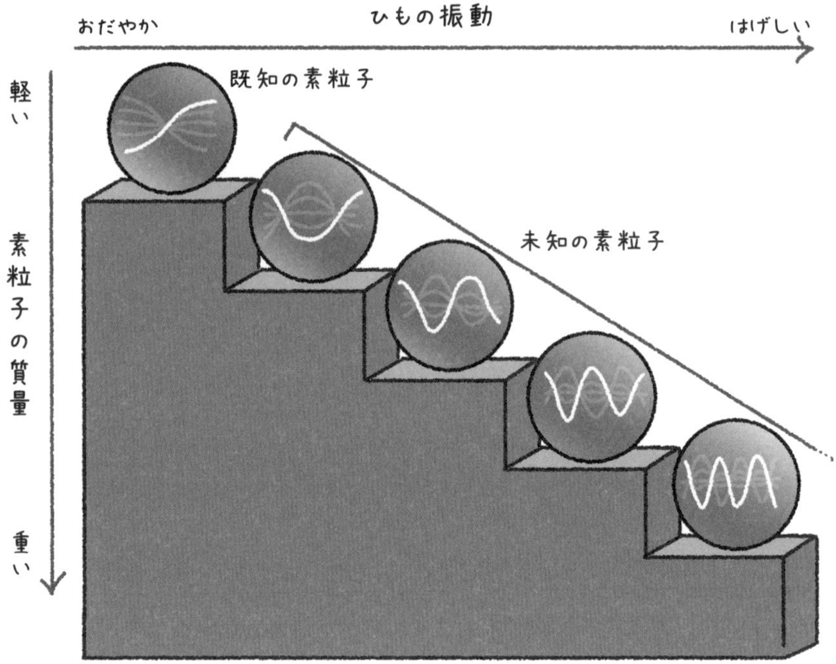

超ひも理論が予言するような素粒子が新たに見つかれば，超ひも理論の信憑性があがるんですね！
でも，そのような新しい素粒子は，どうすれば見つけることができるのでしょうか？

新しい素粒子を発見するには，**加速器**が使われます。

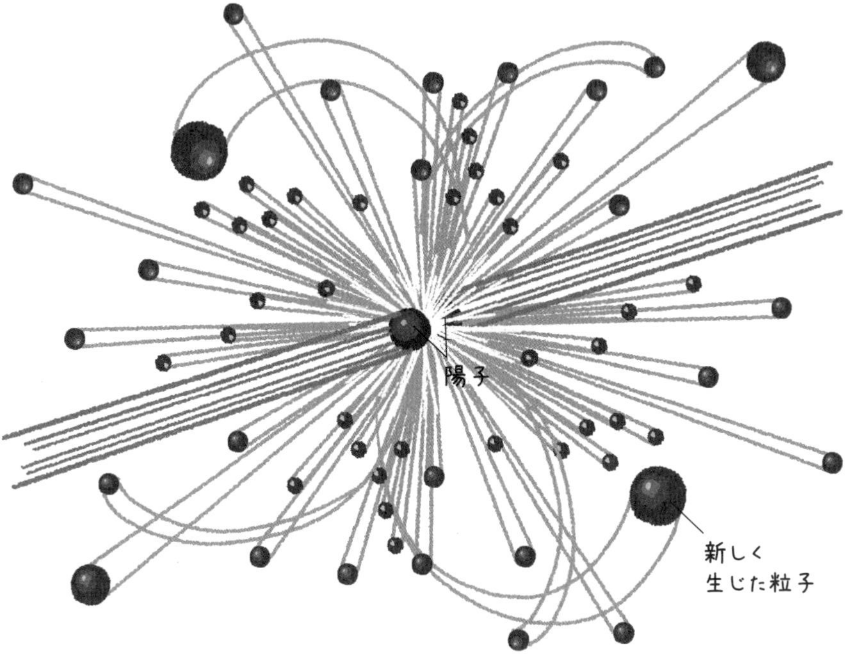

あぁ！　二つの粒子を加速して衝突させて，新しい粒子を発生させる実験装置ですね！　加速器では，“重い”素粒子を発生させることはできるんですか？

そのためには，より速く加速させて，大きなエネルギーで衝突させることが必要になります。現在，世界最大のエネルギーで粒子を衝突させることができる加速器は，CERNのLHCです。

山手線1周規模の！ LHCなら，重い素粒子も見つけられそうなんですか？

実はかなりむずかしそうなんです。というのも，超ひも理論が予言する素粒子の多くはとても重く，LHCでは，エネルギーが足りないのです。

えっ！ じゃあ結局，超ひも理論が予言する素粒子は見つけることはできない？

そうですね……。ただ，超ひも理論のモデルによっては，LHCや次世代の加速器でも探索可能な，比較的軽い素粒子が存在する可能性もあります。そのような軽い素粒子であれば，発見できるかもしれません。

人工ブラックホールが，高次元空間の証拠になる

でも，LHCなどの加速器を使えば，**超ひも理論が予言する高次元空間の存在は検証できるかもしれません。**

高次元空間があるかどうかわかるんですか!?
どうするんでしょうか？

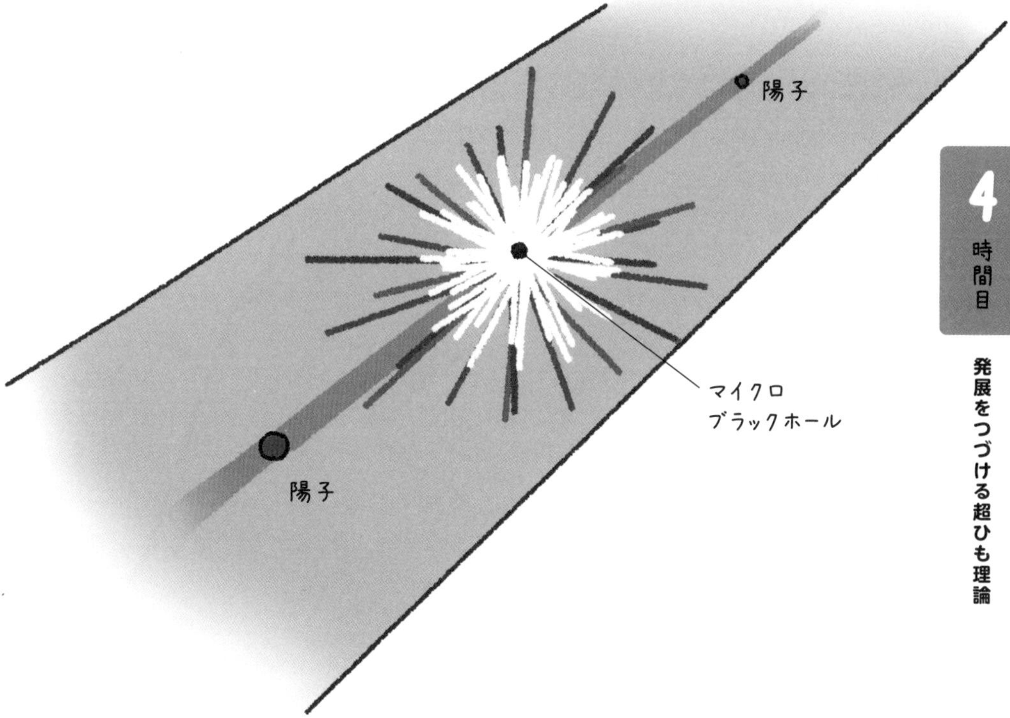

加速器を使って，ごく小さなブラックホールをつくるんです。

ブラックホールって，つくれるんですか!?

原理的には，どんな物質でも，きわめて高密度に圧縮すればブラックホールになると考えられています。
たとえば，半径約6378キロメートルの地球を，半径1センチメートルほどに圧縮できれば，ブラックホールになります。

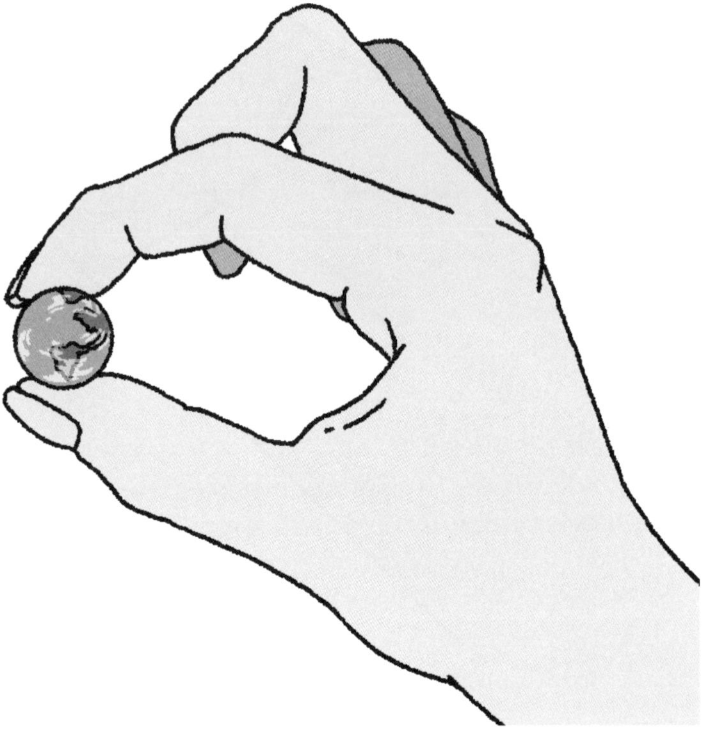

地球をビー玉くらいに圧縮！

LHCでは，粒子を光速近くの速度で衝突させます。そのとき衝突地点には，膨大な質量が集中し，超高密度状態になると考えられます。つまり，**ちっちゃなブラックホール**が生まれると考えられるわけです。

なるほど！

そんなちっちゃなブラックホールを，**マイクロブラックホール**といいます。でも実は，普通に考えると，ブラックホールをつくるには，LHCではやはり衝突エネルギーが足りないという計算になるんです。

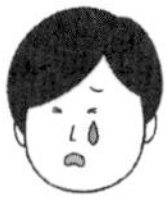

どうしてもエネルギーが足りない……。

しかし！ もしも，高次元空間が実在すれば，ブラックホールができるかもしれないんです。
重力を伝える重力子は閉じたひもで，私たちの3次元空間からはなれて高次元空間を伝わっていくと考えられていますよね。

はい，**ブレーンワールド仮説**の考え方ですね！

ですので，私たちが感じている重力は，高次元空間に逃げていった重力を差し引いた，弱められた重力ということになります。

はい。3時間目でも聞きました。

おっと，そうでしたね。
もしこの考えが正しければ，重力子が高次元空間に逃げる前の近距離では，普通の理論で予測されるよりも重力がケタちがいに強くなるはずなんです。

その結果，**高次元空間が実在するのであれば，粒子同士が衝突するときに強力な重力によって引き合い，現在のLHCのエネルギーでも，ブラックホールがつくられるかもしれないのです。**

ふぁ～っ！　高次元空間に逃げ去る前の重力を利用するわけですか。そんなこと，本当にできるんですか？ってか，ブラックホールすごくこわいんですけど。そんなものを人工的につくってしまって大丈夫ですか？

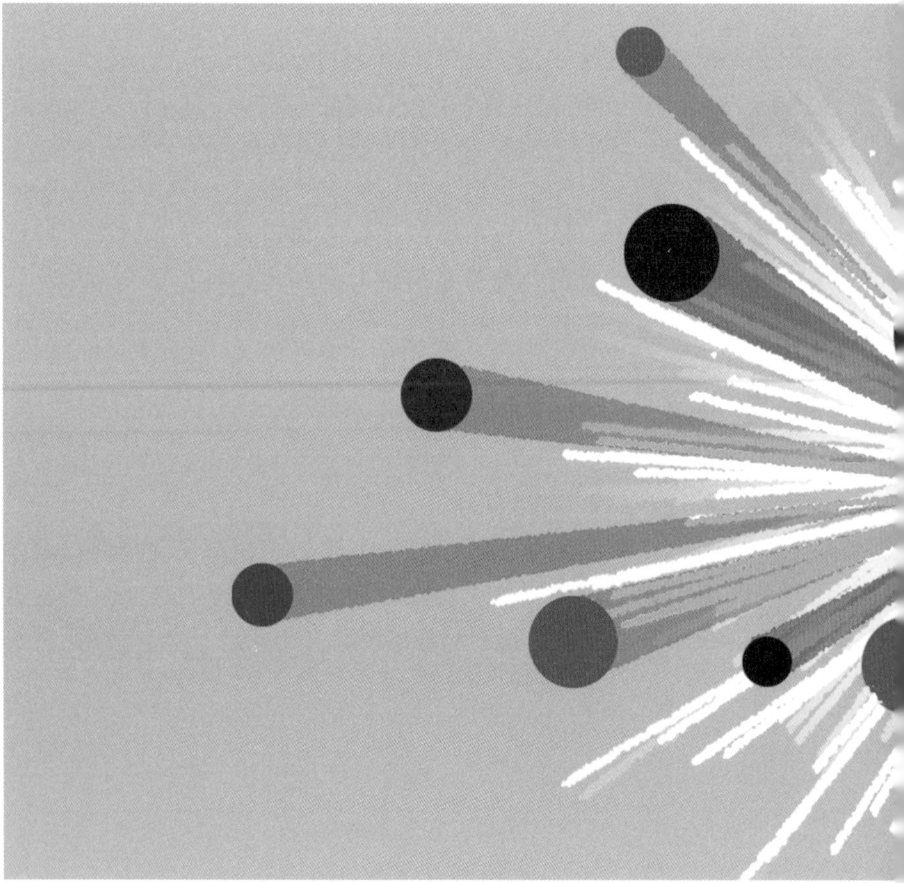

今のところ，まだ明確にブラックホールができたという結果は得られていません。しかし，たとえブラックホールができたとしても，そんなにおびえなくてもいいんですよ。

発生するブラックホールはきわめて小さく，周囲の物質を飲み込む前にさまざまな粒子を放出して，瞬時に蒸発してしまうと予測されているんです。

このとき，周囲に飛び散った粒子を手がかりに，ブラックホールができていたことを確認するんです。

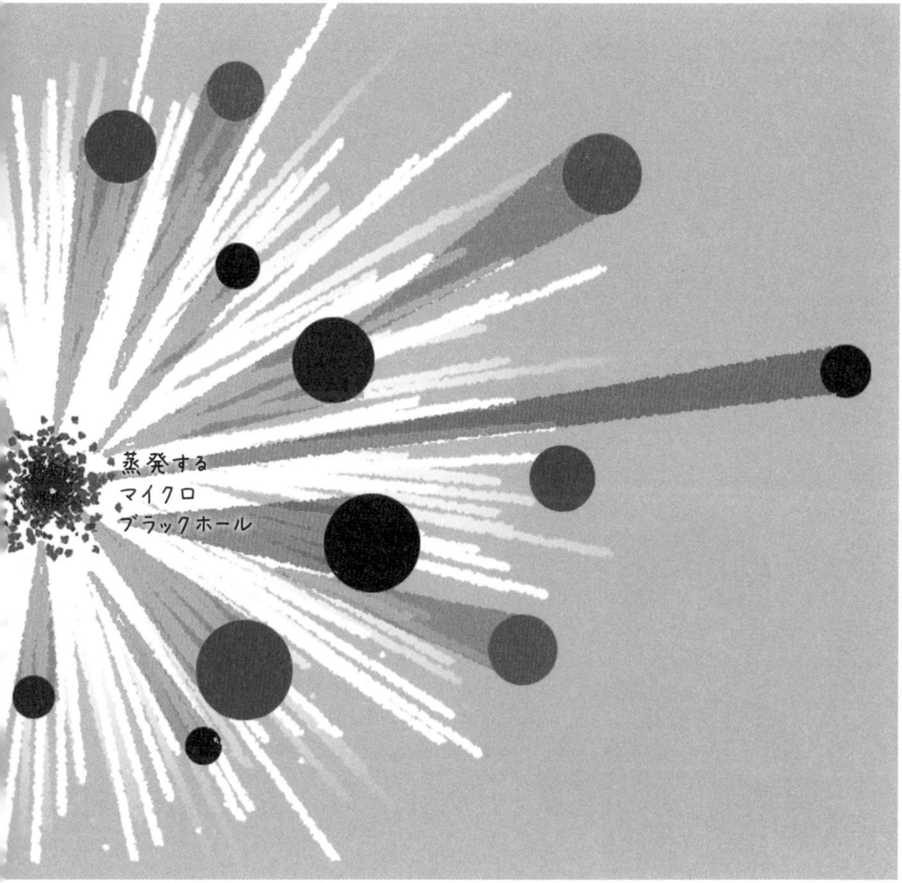

じゃあ，危なくないわけですね。ホッ。

そういうことです。
そもそも，もし予言が正しかったとしたら，この実験と同じようなことは自然界でも頻繁におきていることになります。
地球には，LHCを上回る高エネルギーの宇宙線がつねに降り注いでおり，それらが大気とぶつかるときに，マイクロブラックホールが形成されるはずだからです。

なるほど。私たちは無事に生きていますね！

はい，だからマイクロブラックホールに危険性はないと考えられるわけです。マイクロブラックホールの存在が確認されると，高次元空間の実在の証拠になりますから，超ひも理論の研究がより活気づくでしょうね！

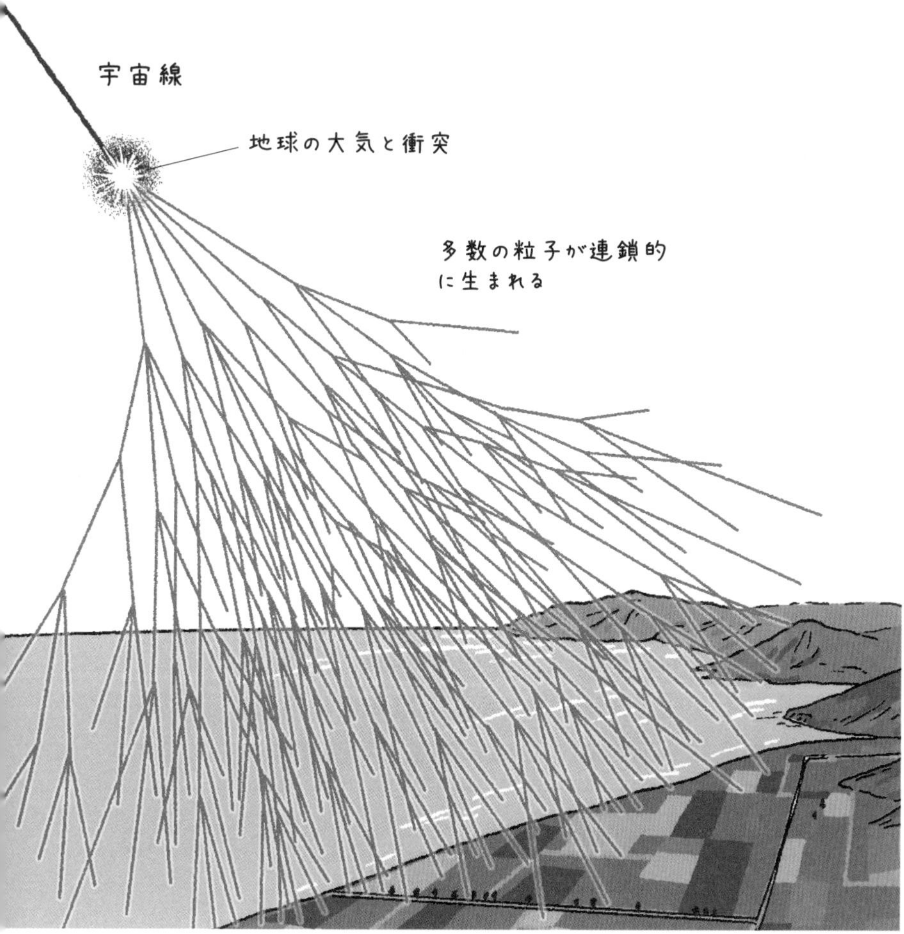
宇宙線
地球の大気と衝突
多数の粒子が連鎖的
に生まれる

誕生直後の宇宙は，さらさらの流体に満たされていた

ここ数年，超ひも理論はさまざまな異分野に応用されはじめています。ここでは，超ひも理論の予言と実験結果がみごとに一致した，加速器「RHIC」の実験の事例を紹介しましょう。

RHICとは？

RHIC（relativistic Heavy Ion Collider）は，アメリカ，ニューヨーク州にあるブルックヘブン国立研究所の，加速器です。

RHICは，ビッグバン直後の宇宙を再現する実験装置なのです。

ビッグバン直後の宇宙？ どうやって再現できるんでしょうか？

RHICでは，金の原子核を光速近くまで加速し，逆方向からやってきた金の原子核と正面衝突させます。

すると，**衝突の瞬間の温度は数兆度にも達し，ビッグバンから数十万分の1秒後に相当する温度になるんです。**

これもまた，すごい加速器ですね。

はい。金の原子核が衝突すると，あまりの高温のため，原子核を構成するクォークと，強い力を伝えるグルーオンがばらばらの状態になります。この状態を「**クォーク・グルーオン・プラズマ**」といいます。

誕生直後の宇宙は，このクォーク・グルーオン・プラズマによって満たされていたと考えられているんです。

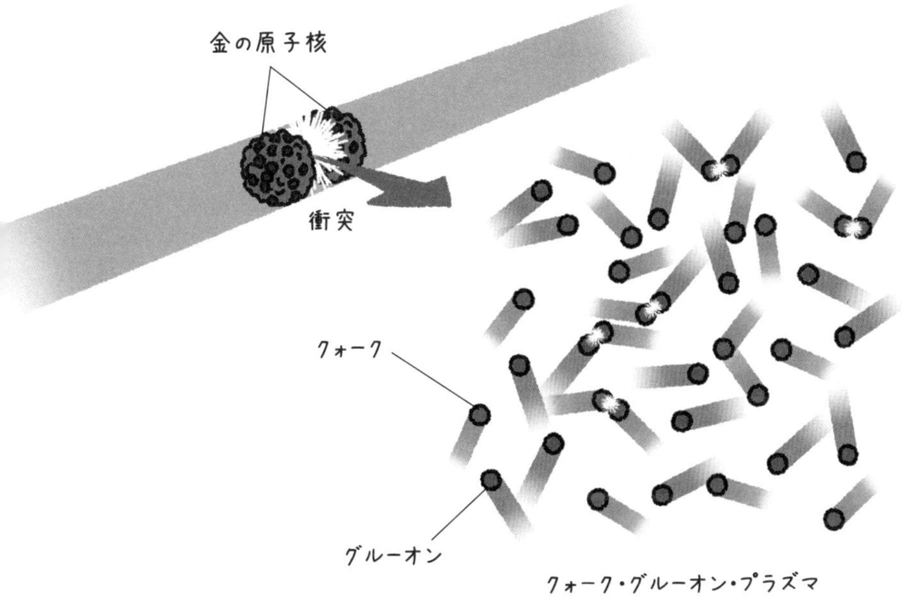

素粒子たちがばらばらな状態。

はい，ただ，このクォーク・グルーオン・プラズマの性質を素粒子物理学の従来の方法で計算するのは，複雑で非常に困難だったんです。そこで！

待ってました！ **超ひも理論！**

超ひも理論から生まれた「**ゲージ重力対応**」とよばれる手法を利用して，クォーク・グルーオン・プラズマの性質が理論的に計算されたんです。

ち，ちょっと難しいですけど，それはさておき，どういう結果が出たんでしょうか？

計算によると，**クォーク・グルーオン・プラズマは，粘り気がきわめてい小さい，さらさらの流体であることが示されました。**そしてこの結果は，実際にRHICで行った実験の値と，きれいに一致したのです！

すごい！　ビッグバン直後の宇宙は，**さらさらの流体に満たされていた！**

RHICの実験結果は，超ひも理論の明確な証拠にはなりませんが，超ひも理論から生まれてきた計算手法の有効性を示すことができたといえるでしょう。

「超ひも理論は有効そうだ」と。

そうなんです。
さて，明るい希望が見えてきたところで，今回の超ひも理論のお話はここまでで終わりにしましょう。

いやぁー先生，超ひも理論，トンデモナイ理論でしたね。万物はひもでできている，というところからはじまって，素粒子のキャッチボールで伝わる四つの力，9次元空間から，ブレーン宇宙と，**世界観が変わる話ばかりでした。**
まだまだ未完の理論ということで，さらなる研究の飛躍が期待できますね。

はい。超ひも理論は，素粒子から，人間そして宇宙まで，**この世界のすべてを記述する理論になり得る，すごい理論です。**今，世界中で超ひも理論が研究されているんですよ。

超ひも理論の完成を祈っています。
どうもありがとうございました！

索引

さ

た

な

は

ま

や

ら

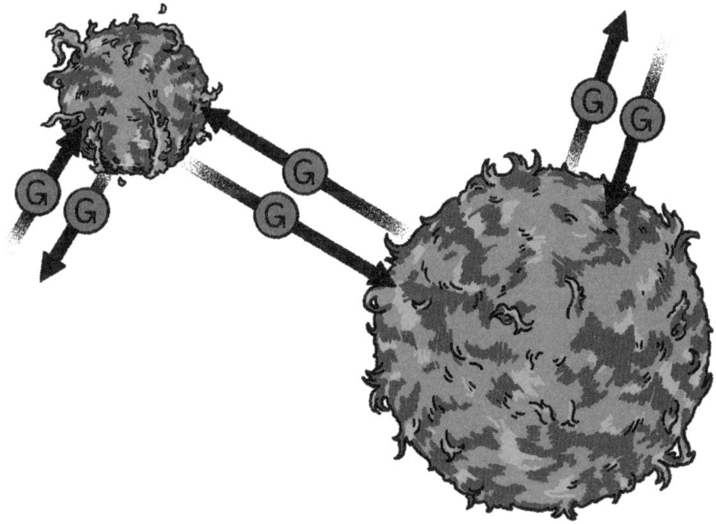

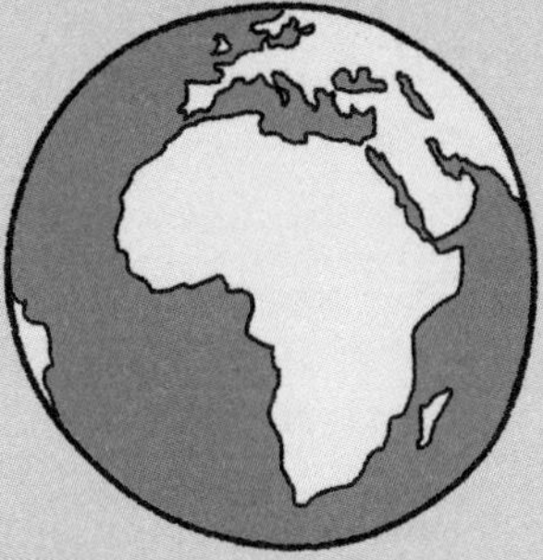

主な内容

社会で活躍する統計

世論調査のしくみを知ろう！

生命保険の保険料は統計で決まる

グラフを使ってデータ分析をしてみよう！

データ分析の第一歩，データのグラフ化

自然界で最も一般的なグラフ

もっとくわしくデータの特徴をつかもう

ばらつきを調べて，データを分析！

お金持ちほど寿命が長い!?

限られたデータから全体の特徴を推測しよう

データと本当の値との差

統計的に意味があるってどういうこと？

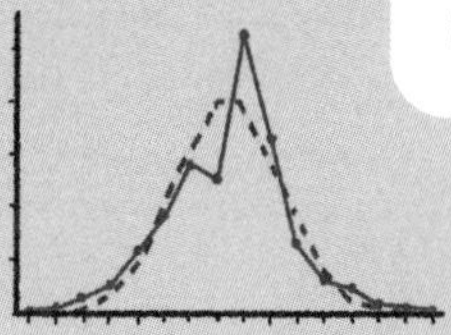

Staff

Editorial Management　木村直之
Editorial Staff　井上達彦，宮川万穂
Cover Design　岩本陽一

Illustration

表紙カバー	松井久美
表紙	松井久美
生徒と先生	松井久美
4~5	Newton Press，松井久美
6	松井久美
9~16	Newton Press
17	松井久美
19~26	Newton Press
29	松井久美
30~31	Newton Press
32-33	松井久美
35~46	Newton Press
48~49	松井久美
51~53	Newton Press
55	松井久美
57	Newton Press
59	松井久美
60-61	Newton Press，松井久美
62~71	Newton Press
73	佐藤蘭名
75~76	Newton Press
77~83	Newton Press，松井久美
84~86	松井久美
87	羽田野乃花
8891	松井久美
92	Newton Press
93~95	Newton Press，松井久美
98	Newton Press
100~109	松井久美
110~111	Newton Press
114	松井久美
116~117	Newton Press
119	松井久美
120~124	Newton Press
127~130	松井久美
132	Newton Press
134~135	松井久美
136	Newton Press
140	松井久美
141	Newton Press
142	松井久美
145	Newton Press
147~149	松井久美
153~155	羽田野乃花
158~159	Newton Press
161	松井久美
162-165	Newton Press
167	松井久美
168~170	Andrew J. Hanson, Indiana University and Jeff Bryant, Wolfram Research, Inc., Newton Press
172~184	Newton Press
186	松井久美
187	羽田野乃花
188-189	松井久美
190	羽田野乃花
192~194	Newton Press
196	松井久美
197	羽田野乃花
199~201	松井久美
203	羽田野乃花
205~209	松井久美
212	羽田野乃花
213	松井久美
215~220	Newton Press
221	佐藤蘭名
222	松井久美
224~233	Newton Press
235~237	松井久美
240~257	Newton Press
259	松井久美
262-263	羽田野乃花
264	松井久美
267~275	Newton Press
277~279	松井久美
282~285	Newton Press
286	松井久美
290	松井久美
291~293	Newton Press
297	松井久美
298~300	松井久美
301~303	Newton Press，松井久美

監修（敬称略）：
松尾 泰（東京大学大学院教授）

東京大学の先生伝授
文系のための めっちゃやさしい
超ひも理論

2021年3月25日発行

発行人　高森康雄
編集人　木村直之
発行所　株式会社 ニュートンプレス　〒112-0012 東京都文京区大塚3-11-6
https://www.newtonpress.co.jp/

ISBN978-4-315-52345-4